뉴노멀시대의
은퇴 · 퇴사 후 **자존감여행**

뉴 노멀^{New normal} 이란?

전 세계는 코로나19 전과 후로 나뉜다고 해도 누구나 인정할 만큼 사람들의 생각은 많이 변했다. 이제 코로나 바이러스가 전 세계로 퍼진 상황과 코로나 바이러스를 극복하는 인간의 과정을 새로운 일상으로 받아들여야 하는 뉴 노멀^{New normal} 시대가 왔다.

'뉴 노멀^{New normal}'이란 시대 변화에 따라 과거의 표준이 더 통하지 않고 새로운 가치 표준이 세상의 변화를 주도하는 상태를 뜻하는 단어이다. 2008년 글로벌 금융위기를 겪으면서 세계 최대 채권 운용회사 핌코^{PIMCO}의 최고 경영자 모하마드 엘 에리언^{Mohamed A. El-Erian}이 그의 저서 '새로운 부의 탄생^{When Markets Collide}'에서 저성장, 규제 강화, 소비 위축, 미국 시장의 영향력 감소 등을 위기 이후의 '뉴 노멀^{New normal}' 현상으로 지목하면서 사람들에게 알려졌다.

코로나19는 소비와 생산을 비롯한 모든 경제방식과 사람들의 인식을 재구성하고 있다. 사람 간 접촉을 최소화하는 비 대면을 뜻하는 난어인 언택트^{Untact} 문화가 확산하면서 기업, 교육, 의료 업계는 비대면 온라인 서비스를 도입하면서 IT 산업이 급부상하고 있다. 바이러스가 사람간의 접촉을 통해 이루어지므로 사람간의 이동이 제한되면서 항공과 여행은 급제동이 걸리면서 해외로의 이동은 거의 제한되지만 국내 여행을 하면서 스트레스를 풀기도 한다.

소비의 개인화 추세에 따른 제품과 서비스 개발, 협업의 툴, 화상 회의, 넷플릭스 같은 홈 콘텐츠가 우리에게 다가오고 있으며, 문화산업에서도 온라인 콘텐츠 서비스가 성장하고 있다. 기업뿐만 아니라 삶을 살아가는 우리도 언택트^{Untact}에 맞춘 서비스를 활성화하고 뉴 노멀^{New normal} 시대에 대비할 필요가 있다.

흑사병이 창궐하면서 교회의 힘이 약화되면서 중세는 끝이 나고, 르네상스를 주도했던 두 도시, 시에나(왼쪽)와 피렌체(오른쪽)의 경쟁은 피렌체의 승리로 끝이 났다. 뉴 노멀 시대가 도래하면 새로운 시대에 누가 빨리 적응하느냐에 따라 운명을 가르게 된다.

뉴 노멀(New Normal) 여행

뉴 노멀New Normal 시대를 맞이하여 코로나 19이후 여행이 없어지는 일은 없지만 새로운 여행 트랜드가 나타나 우리의 여행을 바꿀 것이다. 그렇다면 어떤 여행의 형태가 우리에게 다가올 것인가? 생각해 보자.

1. 장기간의 여행이 가능해진다.

바이러스가 퍼지는 것을 막기 위해 재택근무를 할 수 밖에 없는 상황에 기업들은 재택근무를 대규모로 실시했다. 그리고 필요한 분야에서 가능하다는 사실을 알게 되었다. 재택근무가 가능해진다면 근무방식이 유연해질 수 있다. 미국의 실리콘밸리에서는 필요한 분야에서 오랜 시간 떨어져서 일하면서 근무 장소를 태평양 건너 동남아시아의 발리나 치앙마이에서 일하는 사람들도 있다.

이들은 '한 달 살기'라는 장기간의 여행을 하면서 자신이 원하는 대로 일하고 여행도 한다. 또한 동남아시아는 저렴한 물가와 임대가 가능하여 의식주가 저렴하게 해결할 수 있다. 실리콘밸리의 높은 주거 렌트 비용으로 고통을 받지 않지 않는 새로운 방법이 되기도 했다.

2, 자동차 여행으로 떨어져 이동한다.

유럽 여행을 한다면 대한민국에서 유럽까지 비행기를 통해 이동하게 된다. 유럽 내에서는 기차와 버스를 이용해 여행 도시로 이동하는 경우가 대부분이었지만 공항에서 차량을 렌트하여 도시와 도시를 이동하면서 여행하는 것이 더 안전하게 된다.

자동차여행은 쉽게 어디로든 이동할 수 있고 렌터카 비용도 기차보다 저렴하다. 기간이 길면 길수록, 3인 이상일수록 렌터카 비용은 저렴해져 기차나 버스보다 교통비용이 저렴해진다. 가족여행이나 친구간의 여행은 자동차로 여행하는 것이 더 저렴하고 안전하다.

3. 소도시 여행

여행이 귀한 시절에는 유럽 여행을 떠나면 언제 다시 유럽으로 올지 모르기 때문에 한 번에 유럽 전체를 한 달 이상의 기간으로 떠나 여행루트도 촘촘하게 만들고 비용도 저렴하도록 숙소도 호스텔에서 지내는 것이 일반적이었다. 하지만 여행을 떠나는 빈도가 늘어나면서 유럽을 한 번만 여행하고 모든 것을 다 보고 오겠다는 생각은 달라졌다.

유럽을 여행한다면 유럽의 다양한 음식과 문화를 느껴보기 위해 소도시 여행이 활성화되고 있었는데 뉴 노멀New Normal 시대가 시작한다면 사람들은 대도시보다는 소도시 여행을 선호할 것이다. 특히 유럽은 동유럽의 소도시로 떠나는 여행자가 증가하고 있었다. 그 현상은 앞으로 증가세가 높을 가능성이 있다.

4. 호캉스를 즐긴다.

타이완이나 동남아시아로 여행을 떠나는 방식도 좋은 호텔이나 리조트로 떠나고 맛있는 음식을 먹고 나이트 라이프를 즐기는 방식으로 달라지고 있었다. 이런 여행을 '호캉스'라고 부르면서 젊은 여행자들이 짧은 기간 동안 여행지에서 즐기는 방식으로 시작했지만 이제는 세대에 구분 없이 호캉스를 즐기고 있다.

코로나 바이러스로 인해 많은 관광지를 다 보고 돌아오는 여행이 아닌 가고 싶은 관광지와 맛좋은 음식도 중요하다. 이와 더불어 숙소에서 잠만 자고 나오는 것이 아닌 많은 것을 즐길 수 있는 호텔이나 리조트에 머무는 시간이 길어졌다. 심지어는 리조트에서만 3~4일을 머물다가 돌아오기도 한다.

회사는 나를 만들어 나가는 곳이지
내가 의존하는 곳이 아니다.
그런 회사를 자꾸만 미워하지 마라.

나영석PD의 삼시세끼를 본 시청자들이
"하루 세끼만 먹고 살면 그게 행복하다"라고 이야기 한다.

젊은 세대의 문화와 생각이 변하면서 더 이상 성공하는게
행복이라고 생각하지 않는다.
돈을 더 벌기 위해 늦게까지 일하는 삶도 원하지 않는다.

대부분 여행을 떠나며 나의 일상은 잊고싶다고 하지만
사실은 여행에서 일상에 관한 이야기를 한다.

인간의 시간이란 단어로는 자연의 시간은 이해할 수 없다.
바쁜 것만이 존재하는 공간이 대한민국일 것이다.

'바쁘다. 바쁘다'라는 단어를 입에 달고 살면서
달라지는 모습만이 좋은 것이라는 생각으로 살지 말아야 한다.

하루하루가 달라진다고 좋은 것이 아니다.

오랜 시간 지키는 모습이 믿음직스럽고 마음의 안정을 느끼게 한다.
안정되어 있다는 생각을 가져야 사람이 사람답게 살 수 있다.
그러려면 변하는 것은 적어야 하지 않을까?

Intro

퇴사 후 여행이라면 암담하고 도대체 돌아와서 뭐 할 거냐고? 미친 거 아니냐고? 좋은 직장을 그만두면서 가서 뭘 얻을 거냐고? 일부는 부럽다는 말도 가끔 있었다.

아무튼 나의 퇴사 후 여행은, 응원보다는 의문을 설득해야 하는 기간 동안 긴 준비과정이 필요했다. 물론 나는 마음속으로 흔들렸지만 겉으로는 흔들리지 않고, 퇴사 후 세계여행을 가기 위해 그동안 준비를 해나갔다. 누구나 은퇴라는 단어는 유종의 미를 거두었다는 이야기이지만 '퇴사'라는 단어는 회사에서 잘렸거나 적응을 못해 나온다는 인식이 강하기 때문에 주위의 사람들에게 알린다는 것 자체가 처음에는 심적으로 곤란했다. 그렇지만 나는 수없이 많이 생각하고 생각한 끝에 결정했으므로 또 퇴사가 결정된 상황에서 다른 선택이 없었다. 일단 밀고 나가자고 생각했다.

"가면 된다"

라는 결심 하나로 큰 동기부여가 되었다.

결국 퇴사의 날은 다가왔고 회사에서 마지막 송별회를 했다. 나는 바로 한국 여행을 시작했다. 난 우리나라도 다른 나라 못지않은 좋은 자연환경을 가지고 있다는 것을 알고 있어서, 무턱대고 다른 나라가 좋다고 하지는 않을 경험을 여행 전에 봐야한다고 생각했다. 적어도 외국친구들이 대한민국 어디어디를 추천해주라고 한다면 확실하게 말할 수 있는 장소를 방문하고 싶었다. 그래서 선택한 여행지는 우리나라에서 아름답기로 유명한 남도와 지리산 종주였다.

제일 먼저 한동안 못 볼 외할머니를 뵈러 강진에 들러서 오래간만에 편한 시간을 보냈고, 내 고향이 보이는 월출산에 올라가며 이번 장기 여행을 무사히 마치고 올 수 있게 해달라고 내내 기도 했다. 외가를 뒤로 하고 이번 여행의 목적인 지리산 종주를 위해 쌍계사로 출발하였다.

이동해서 점심시간이라 바로 밥과 막걸리를 마시고 벽소령 대피소로 발걸음을 기분 좋게 향하였다. 아스팔트길을 올라가는 중에 지나가는 화물차 아저씨께서 가는 길이 같다고 화물차 짐칸에 태워 주셨는데 바람을 거스르며 달리는 기분이 좋았다. 화물차에 내려서 드디어 지리산 종주를 시작했다.

5월이지만 산행 길에는 군데군데 얼음과 눈이 녹지 않아 미끄럽기도 하고 위험했다. 그렇게 시작한 지리산 종주는 내내 몸은 힘들었지만 마음은 맑은 산의 공기처럼 상쾌했다. 마지막 날에는 일출을 보기위해 오른 천왕봉에서 3대가 덕을 쌓아야 볼 수 있다는 일출도 보고 나니 퇴사 후 나의 세계 여행의 발걸음이 한결 가벼워졌다.

지리산 종주를 마치고 집으로 와서 본격적으로 가져갈 짐 정리와 확인 작업을 마치고 드디어 첫 번째 도시인 로스엔젤로스로 가는 비행기에 몸을 실었다. 처음가보는 미국이라 설레임과 불안이 있었지만, 다행히 나에게는 아는 동생이 있어서 마음속으로 안심이 되었다. 하지만 미국에 도착하고 나서 3~4일을 시차 때문에 적응 못하고 계속 멍한 상태로 지냈다.

나의 퇴사 후 여행은 그렇게 몽환적으로 시작되었다. 지금 생각해보면 막막한 세계 여행을 시작하는 내가 남자이지만 걱정되었고 돌아와서 뭐 할 거니? 라는 물음에 나는 정답이 없었다. 하지만 부모님이 이야기한 정답 같은 삶에도 정답은 없었다. 결국 인생에 정답은 없었다. 여행도 정답이 없었다. 여행은 각자만의 여행이므로 각자가 만들어가는 소중한 인생의 한 페이지이다.

은퇴나 퇴사나 여행은 인생의 한 페이지를 담당한다. 그 여행에서 마음속의 자존감을 회복하고 돌아와 다시 일상으로 돌아가는 데에 도움을 준다. 그 자존감을 회복하는 데에 도움이 되기 위해 은퇴, 퇴사 후 자존감여행은 시작되었다. 여행 책이지만 여행을 출발하는 심정을 담은 에세이가 들어있다.

이 책이 누구에게는 너무 쉬운 책일 수도 있지만 처음 준비하는 은퇴와 퇴사 후 여행자에게는 쉽지 않을 수 있다는 사실을 이해하면 좋겠다.

INTRO

자존감 여행의 장점 6가지

1. 자존감 회복

2008년 미국 금융위기 이후로 전 세계는 장기 경제침체 때문에 힘든 나날을 보내며 인생이 힘든 자신에게 관심을 쏟기 시작했다. 힘든 일상에서 사는 우리는 생활에 지쳐 회복을 하지 않으면 살 수 없는 세상이 되었다. 힘든 과정을 극복한 사람들을 보면서 대리만족을 하기도 한다. 우리에게 지금 필요한 것은 자신의 자존감 회복이다. 가장 먼저 자존감을 회복하려면 자신을 돌아보는 일이 필요하다. 자신을 돌아보면서 자신을 소중히 여기는 자존감회복이 첫 번째 목적이다.

여행을 하면서 새로운 지역으로 이동을 해야 하고 사람들을 만나면서 어려운 난관을 극복하는 여행 과정에서 나도 모르게 자존감을 회복할 수 있다. 한번은 유럽에서 돌아오는 비행기를 탑승했는데 많은 대학생들이 타고 있었다. 유럽여행 다녀온 학생들이 많은 비행기였는데 돌아오는 내내 자신의 여행을 이야기를 풀어놓느라고 오는 내내 시끄러웠다.

그들의 이야기는 대부분 좌충우돌하는 자신들이 겪은 여행의 에피소드였다. 그들은 너무 자랑스럽게 여행에피소드를 풀어놓았다. 그들의 말투에 자신감이 넘쳐나는 목소리를 들으며 여행이 자존감 회복에 도움을 줄 수 있다는 확신을 하게 되었다.

2. 대인관계 능력 향상

어렸을 때부터 경쟁을 심하게 하면서 성장한 우리들은 대인관계에 서툰 경우가 많다. 경쟁에서 소외된 사람들은 은둔자나 실패자로 몰리면서 더욱 인간관계를 싫어하게 되고 사건, 사고가 심심치 않게 생겨나고 있다. 인간은 대인관계가 가장 중요한 사회생활 중에 하나이다. 아무리 좋은 대학교를 나온들 대인관계가 힘들다면 사회생활을 하지 못하고 개인 생활에 문제가 생기게 된다.

지금 대한민국은 성공한 사람이든 실패한 사람이든 대인관계를 회복하여 대인관계에서 서로에게 도움이 되는 사람으로 생활하면서 도움을 주고받는 커뮤니케이션 능력이 향상되어야 한다. 여행을 하면 좋든 싫든 여러 나라의 사람들과 대화를 해야 한다. 새로운 관광지를 가려면 역무원에게 물어봐야 하고 투어를 예약하려면 대화를 해야 한다. 문제라도 생기면 더욱 많은 대화를 나누면서 새롭게 만나는 사람들의 도움을 받기도 한다. 그러다 보면 대인관계에서 향상된 느낌을 받을 수 있다.

3. 대화 기술 향상

대인관계 능력을 향상시키려면 개인들끼리 이야기하는 커뮤니케이션 기술이 필요하다. 그것은 단순한 기술이 아니라 자신을 높이면서 다른 사람이 즐거워하는 기술이다.

산티아고 순례길을 걸으면서 다양한 연령, 다양한 직업군, 다양한 학생들이 서로 도와주면서 누구나 도움이 된다는 사실을 인지하고 자신을 내놓으며 대화를 하며 달라지는 모습들을 볼 수 있다. 나는 이 과정에서 커뮤니케이션의 기술의 필요성을 느끼게 되었다.

4. 자신안의 내면조절 능력 향상

자신감을 회복하고 대인관계를 향상하려고 해도 자신의 내면에서 자신을 다룰 줄 아는 리더십이 없으면 힘든 상황에서 자신이 쉽게 무너질 수 있다. 그러므로 반드시 자신과 대화하면서 자신을 다룰 줄 아는 내면조절 리더십을 향상시켜야 한다.

5. 자신의 스트레스 통제

대인과의 사회생활에서는 필연적으로 갈등이 생기게 된다. 갈등이 생기면 타인에게 상처를 받기도 하지만 타인에게 도움을 받기도 한다. 사람은 누구나 사회생활에서 주고받는 관계이기 때문에 그때마다 타인에게 의존할 수도 없다. 자신의 스트레스를 어느 정도 통제하며 타인에게 도움을 받는다면 사회생활의 필요성을 절감하면서 긍정마인드를 지속적으로 갖게 되어 어려움도 극복할 수 있는 자신을 보게 된다.

6. 긍정마인드 향상

인간 사회를 살아가는 것은 쉽지 않다. 특히 경쟁이 치열한 대한민국에 사는 것은 더욱 쉽지 않다. 대한민국에서 치열한 경쟁을 한다 남을 밟고 일어서는 경쟁은 필수적으로 상처를 남기게 되고 그 상처는 결국 자신에게 돌아온다. 남과 같이 상생하는 생활을 배우지 않으면 생활할 수 없다. 항상 자신을 다독거리는 긍정마인드를 향상시켜 새로운 '나'를 만들어가야 한다.

행복 총량의 법칙

독일의 작곡가 베토벤은 사랑했던 여인이 떠나고,
난청이 찾아오면서 한때 절망에 빠졌다.
현실의 무게를 견딜 수 없었던 그는 어느 수도원을 찾아갔다.
수사를 찾아간 베토벤은 힘들었던 사정을 털어놓았다.
그리고 나아갈 길에 대한 조언을 간청했다.

고민하던 수사는 방으로 들어가 나무 상사를 들고 나와 말했다.
"여기서 유리구슬 하나를 꺼내보게."
베토벤이 꺼낸 구슬은 검은색이었다.
수사는 다시 상자에서 구슬을 하나 꺼내보라고 했다.
이번에도 베토벤이 꺼낸 구슬은 검은 구슬이었다.

그러자 수사가 말했다.
"이보게, 이 상자 안에는 열 개의 구슬이 들었는데
여덟 개는 검은색이고 나머지 두 개는 흰색이라네.
검은 구슬은 불행과 고통을, 흰 구슬은 행운과 희망을 의미하지.
어떤 사람은 흰 구슬을 먼저 뽑아서 행복과 성공을 빨리 붙잡기도 하지만
어떤 이들은 자네처럼 연속으로 검은 구슬을 뽑기도 한다네.
중요한 것은 아직 여덟 개의 구슬이 남아 있고,
그 속에 분명 흰 구슬이 있다는 거야."

'행복 총량의 법칙'이라는 것이 있다.

인생을 살면서 누구에게나 같은 양의 행복이 찾아온다는 것이다.

따라서 당신에게 고통스러운 일만 많았다면 이렇게 생각하라고 이야기하자.

'앞으로는 행복할 일만 남았다...'

이것이 고통 속에서도 희망을 품을 수 있는 이유이다.

언제까지 계속되는 불행이란 없다.

- 로맹롤랑 -

당신은 행복한가요?

'행복이란 게 뭐 별거 있나요? 요즈음 잠꼬대처럼 나오는 말이 '행복'이라는 단어이다. 날 기쁘게 하는 대상'은 무엇일까? 라는 질문을 한다. 욕심을 버리고 주어진 현재 상황이나 여건에 대해 만족하는 것인데 뭐가 그리 어려운지 이제는 국민행복지수라는 것의 순위를 보고 대한민국은 행복하지 않다고 말한다. 그러면 인간을 행복하게 하는 기본적 요소가 있다는 것인데 그것이 무엇인지 알려주지도 않고 불행하다고 한다면 모르는 우리는 끝내 불행해질 것이다.

[국민 총행복 평가 항목]

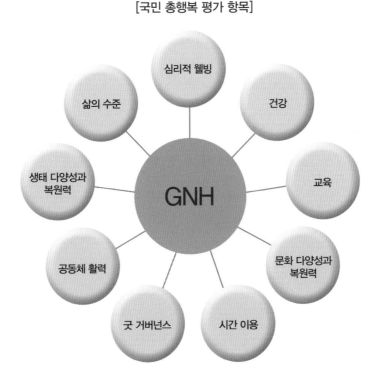

순박한 이웃들, 영혼을 다스려주는 종교, 맑고 깨끗한 자연, 넉넉하지는 않지만 국가에서 지원해 주는 복지(무상교육, 무상의료)가 부탄에서 이야기하는 행복의 요소이다. 유엔에서는 9가지의 행복의 요소를 만들었다. 그것은 건강, 교육, 삶의 수준, 심리적 웰빙 이라는 우리가 익히 들어온 단어들과 공동체 활력, 생태 다양성과 복원력, 문화 다양성과 복원력, 굿 거버넌스, 시간이용의 9가지를 행복지수에 포함되는 단어들을 알려주었다.

그렇다면 위의 9가지 단어를 가지고 측정한 대한민국의 행복지수 순위는 몇 등일까? 당신이 예상한 것처럼 처참하다. 대한민국은 57위이다.

그런데 행복한 나라라고 들었던 부탄은 우리보다 한참 더 낮은 97위이다. 그렇다면 행복지수가 문제가 있는 것이 아닌가? 라는 의문이 든다. 하지만 유엔에서도 경제수준으로 인한 부탄의 행복지수가 낮다는 사실을 예외사항으로 보고 행복지수의 보완사항이라고 생각하고 있다. 부탄을 제외하면 대부분의 행복한 나라는 우리가 알고 있는 나라들과 다르지 않다. 대한민국 국민에게 행복을 좌우하는 중요한 사항은 확실히 부탄과 다르다.

[세계 행복 리포트]

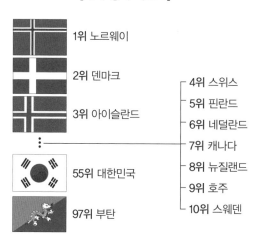

1위 노르웨이

2위 덴마크

3위 아이슬란드

55위 대한민국

97위 부탄

4위 스위스
5위 핀란드
6위 네덜란드
7위 캐나다
8위 뉴질랜드
9위 호주
10위 스웨덴

우리에게는 경제적인 소득이 매우 중요하지만 부탄은 삶을 선택할 자유가 더욱 중요한 행복 가치로 생각하고 있다. 경제적인 소득이 너무 낮아서 행복할 수 없다는 사실도 맞지만 경제적인 소득이 행복에 결정적인 역할을 하는 것이 아니라는 사실을 위의 도표는 보여주고 있다.

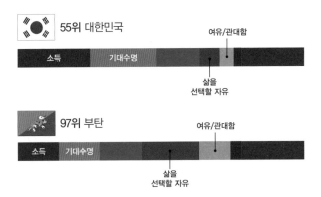

행복지수를 결정짓는 가장 중요한 사항 중에 인간의 정신과 육체를 안전하고 평온할 수 있게 보장하고 개인의 걱정거리나 불안감이 없는 것이 행복의 근원이라고 생각하는 우리의 생각은 틀리지 않다. 그럼에도 불구하고 휘게^{Hygge}라는 영어로 번역도 안 되던 단어가 전 세계를 강타하고 행복 하고 싶다는 욕망은 그 어느 때보다 강하다.

인생은 흘러가는 것이 아니라 채워지는 것이다.
우리는 하루하루를 보내는 것이 아니라
내가 가진 무엇으로 채워가는 것이다.

– 존 러스킨 –

인생을 살아가며 나는 한 가지 분명한 사실을 알게 되었다.
그것은 열린 마음을 잃지 않는 것이 무엇보다 중요하다는 것이다.
열린 마음은 사람에게 가장 귀중한 재산이다.

– 마틴 부버 –

소비라는 잠깐의 행복에 사로잡혀 있다.

내가 남들보다 더 소비해 과시할 수 있다는 과시감에 사로잡혀 살았다.

그래서 명품을 구입하며 남들에게 과시할 수 있다는

거품에 빠져 소비생활에서 허우적거렸다.

소비하지 않는 즐거움을 알아야 한다.

인생에 조연은 없다.

"이 옷을 입으니까 내가 더 멋진 사람이 된거 같아 2천 4백 만원짜리 정장을 입어 야만 멋지다고 생각한 사람은 아니었어."

'패밀리 맨Family Man'이라는 영화에서 잘 나가는 월스트리트의 남자 주인공은 우연한 기회에 옛 연인과 만나 결혼 생활을 하는 새로운 생활을 하게 된다. 그러 나 소박한 생활에 싫증을 내고 있던 때에 쇼핑몰을 가서 자신이 원한 양복을 입 게 되었다. 그때 만족을 느낀 남자 주인공은 만족감을 표시하자, 아내는 자신이 알던 남편은 이런 사람이 아니라고 말한다.

그리고 남자 주인공이 아내에게 물어본다.
"당신은 나를 어떤 식으로 보는 데?"
아내가 대답한다.
"멋진 나만의 인생 성공 신화를 사는 남자"
그 대답을 들은 남자는 깨닫는다. 물질적이고 남들이 보는 성공에 집착하지 않았 던 새로운 인생을 사는 자신의 모습을 알고서 다시 혼잣말로 말한다.

"그래서 그 오랜 세월동안 나는 당신을 계속 사랑해 왔었구나!"

성공은 다른 사람들이 나를 보는 물질적인 만족에 있지 않다. 그 물질적 성공이 언젠가는 당신을 파멸로 몰아갈 수도 있다. 자신이 원하는 인생의 성공신화를 만 들어 나가는 것이 중요하다.

자존감 여행

칭찬과 격려
긍정적인 여행의 마음속에서 자신감은 생기게 된다. 자신을 향한 칭찬과 격려 속에서 여행을 하고 몰랐던 자신의 모습을 발견하게 된다.

여행자와의 말 한마디에 주의를 기울이자.
여행자는 당신에게 도움이 되는 말을 해주고 여행을 끝까지 잘 마무리하도록 해준다. 당신에게 해주는 말뿐만 아니라 당신이 하는 말에도 많은 것을 얻을 수 있다.

반드시 여행을 재미있게 하겠다고 다짐하자.

어떤 성과를 거둘 것인가는 전적으로 여행을 하는 당신의 노력여하에 달려 있다. 이것은 모든 여행을 하는 과정에 있어서도 마찬가지이다.

●●
헬렌켈러는 이렇게 말했다.
"쉽고 편안한 환경에서는 강한 인간이 만들어지지 않는다. 시련과 고통의 경험을 통해서만 강한 혼이 탄생하고, 통찰력이 생기고, 일에 대한 감이 떠오르며 마침내 성공할 수 있다.
●●

여행을 하면서 매일 떠오르는 생각을 기록하자.

여행을 하면서 떠오르는 여러 생각과 중요한 경험들을 간단하게 적어서 기록해 놓아야 한다. 그래야 나중에 돌아와 서로에게 이야기하는 중요한 기록이 된다.

39

자존감 정의

"자신에 대한 존엄성이 타인들의 외적인 인정이나 칭찬에 의한 것이 아니라 자신 내부의 성숙된 사고와 가치에 의해 얻어지는 개인의 의식"

자신감을 남을 기준으로 나를 보여주는 마음이고 자존감은 나를 기준으로 남에게 보여주는 마음이라고 자신감과 자존감을 나눈다고 한다. 여행을 하다보면 많은 일을 경험하게 되는데, 그것을 "어떻게 받아들이느냐"에 따라 여행이 행복해질 수도, 불행해질 수도 있다. 긍정적으로 조금 더 여유를 갖고, 스스로 즐기고 내가 주인공이 되기를 바란다.

퇴사 후 여행

여행으로 나아가는 공항

직장에서 학교에서 이 시기를 넘기고 여행을 떠나면 나아질 것이라고, 만족스러워질 것이라고 행복해질 것이라고 스스로에게 위안을 던진다. 하루가 지나고 1년이 바삐 지나가고 어느새 40대가 되었다. 하지만 행복한 날은 오지 않았다. 내삶은 학교에서는 성적으로, 직장에서는 실적으로, 사회에서는 돈으로 판단된다. 나의 삶이 돈과 권력에 좌우되고 있다. 어떻게 내 삶을 살 수 있을까? 어떻게 해야 다시 나의 삶을 어린 시절의 아름다운 행복한 시절로 돌릴 수 있을까?

나는 여행을 통한 인문학으로 삶을 찾아내고 행복해질 수 있다고 생각한다. 여행은 물질적 세상에서 벗어나 한걸음 물러나 나에게 질문을 던진다. 다른 이에 의해 주어진 삶이 아니고 스스로 판단해 사는 삶을 살려면 어떻게 해야할까? 이 책은 스스로 생각하고 실천하는 삶을 사유해보자는 것이다.

당신이 일상에서 직면하는 문제는 학교에서는 성적, 사회에서는 연애와 결혼, 직업 등이다. 여행에서 많은 관광지를 보려면 여행지에 대한 독서와 독서를 통한 여행지의 경험이 필요하다. 나의 경험을 통해 당신을 초대한다. 여행 인문학은 여행지에서 인문학의 바다를 통해 나에게 다가서는 공항인 것이다.

여행은 건강한 육체에 건강한 정신이 박혀 나에게 행복한 삶으로 나오도록 해준다.

퇴사 후 세계여행 잘하는 방법

1. 도착하면 관광안내소(Information Center)를 가자.

어느 도시에 도착하면 해당 도시의 지도를 얻기 위해 관광안내소를 찾는 것이 좋다. 공항에 나오면 중앙에 크게 'i'라는 글자와 함께 보인다. 환전소를 몰라도 문의하면 친절하게 알려준다.

2. 심카드나 무제한 데이터를 활용하자.

공항에서 시내로 이동을 할 때, 저녁에 도착해 어두워도 구글맵이 있으면 쉽게 숙소를 찾을 수 있어서 스마트폰의 필요한 정보를 활용하려면 데이터가 필요하다. 심카드를 사용하는 것은 매우 쉽다. 매장에 가서 스미트폰을 보여주고 데이터 상품만 선택하면 매장의 직원이 알아서 다 갈아 끼우고 문자도 확인하여 이상이 없으면 돈을 받는다.

3. 환전은 첫 번째 나라만 미리 대한민국에서 환전하자.

공항에서 시내로 이동하려고 할 때 버스나 익스프레스를 가장 많이 이용한다. 이때 해당국가의 화폐가 필요하다. 그 이후부터는 현지에서 환전을 하면 되겠지만 첫 번째 나라는 미리 환전해 가는 것이 당황하지 않는 방법이다. 그리고 일정 금액은 미리 환전하여 사용하는 것이 수수료도 아끼고 계획성 있게 사용할 수 있다. 일정 시간이 지나면 자신만의 환전방법과 수수료를 아끼는 방법을 알게 되므로 그 시기까지 여행에서 문제가 발생하지 않는 것이 중요하다.

동남아시아는 시내 환전소에서 환전하는 것이 더 편리하고 저렴하기 때문에 공항에서 환전하는 경우는 많지 않다.

4. 공항에서 숙소까지 이동하는 정보를 갖고 출발하자.

어느 나라를 여행하든 공항에서 여행을 시작하는 경우가 대부분이다. 이때 공항에서 시내로 들어가는 교통수단을 알고 가는 것이 좋다. 처음 여행지부터 렌트카를 이용해 여행하는 것은 추천하지 않는다. 왜냐하면 처음에는 도시를 벗어나 운전하기가 쉽지 않고 우리나라와 운전대의 방향이 반대인 나라는 특히 쉽지 않다.

5. '관광지 한 곳만 더 보자는 생각'은 금물

퇴사 후 여행은 오랜 시간을 여행하려고 한다. 물론 사람마다 생각이 다르겠지만 평생 한번만 갈 수 있다는 생각을 하지 말고 여유롭게 관광지를 보는 것이 좋다. 한 곳을 더 본다고 여행이 만족스럽지 않다. 퇴사까지 하고 간 여행에서 다른 여행자와 동일하게 많이 보는 데에만 치중하게 되면 직장인이 여행 일정이 부족해 바삐 다니는 여행과 다를 바가 없다. 자신에게 주어진 시간만큼 행복한 여행이 되도록 여유롭게 여행하는 것이 좋다. 서둘러 보다가 지갑도 잃어버리고 여권도 잃어버리기 쉽다. 허둥지둥 다닌다고 관광지를 한 번에 다 볼 수 있지도 않으니 한 곳을 덜 보겠다는 심정으로 여행한다면 오히려 더 여유롭게 여행을 하고 만족도도 더 높을 것이다.

6. 아는 만큼 보인다. 떠나기전 여행정보를 준비하자.

전 세계의 관광지는 아무런 정보 없이 본다면 재미도 없고 본 관광지는 아무 의미 없는 장소가 되기 쉽다. 역사와 관련한 정보는 습득하고 여행을 떠나는 것이 준비도 하게 되고 아는 만큼 만족도가 높은 여행지가 의외로 많다.

7. 에티켓을 지키는 여행으로 현지인과의 마찰을 줄이자.

현지에 대한 에티켓을 지키지 않든지 몰라서 퇴사 후 여행에서 마찰이 발생한다면 퇴사여행에 대한 느낌이 좋지 않아진다.

8. 다양한 문화를 보고 느끼면서 새롭게 자신을 다 잡는 계기를 삼자.

퇴사 후 여행하는 지역이 동남아시아일 때 그들의 문화를 존중하지 않고 자신이 살아온 기준이 절대적이라는 생각을 가지게 된다면 다양성을 배우지 못한다. 그에 반해 유럽에서는 동양인에 대한 차별을 받는 경우도 발생하여 화가 나게 되기도 한다. 이처럼 지역마다 대한민국 국적의 본인을 대하는 태도가 다르고 자신도 문화를 제대로 인정하지 않으면 여행에서 다양한 문화를 볼 수 있는 기회를 잃게 된다.

깨달음으로 지샌 밤

잠이 오질 않았다. 이런 저런 생각이 계속 꼬리를 물고 이어졌다. 정말 간절히 원하면 이루어지는 것인가? 그렇다면 내 삶도 마찬가지가 아닐까? 그렇다. 내가 원하는 방향대로 나아가면 되는 것이다. 너무도 뻔한 답인데 계속 외면해 왔는지도 모르겠다.

긴 아이슬란드 여행이 끝나가는 마지막 밤에 나는 마음 속 오로라를 꺼내 보며 깨달음을 얻은 것이다. 아이슬란드 여행에 돌아와서 친구와 아이슬란드 가이드북을 준비했다. 우리가 느꼈던 그 감동을 다른 사람이 쉽게 찾아갈 수 있는 책을 만들어보고 싶었다. 내가 좋아하는 여행을 통해서 내 삶의 다른 조각을 맞춰보고 싶었다. 그렇게 나는 '여행작가'로서 한 발짝 내딛게 되었다.

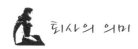 퇴사의 의미

삶의 길은 하나가 아닌 걸 모두 다 알지만 새로운 길로 나아가는 것을 두려워한
다. 퇴사란 끝이 아니고 또 다른 시작이 될 수 있다. 퇴사를 통해서 자신이 원하
는 것을 찾아야 한다. 특히 여행은 나를 마주하게 하고 바로 보게 한다. 그렇게
나는 다른 길을 찾았고 '여행 작가' 여정은 계속될 것 같다.

퇴사 후 여행

나는 40대이니 누군가 나에게 기성세대라고 이야기할 수도 있을 것이다. 하지만 나는 한번도 기성세대의 이득을 얻어 본 적이 없다. 그래서 나는  지금의 청년세대가 가지는 생각에 다른 사람보다 쉽게 접근이 가능했다. 나의 아버지 세대(60~70년대의 직장생활)에는 퇴사라는 것이 엄청난 일이었을 것이다. 하지만 요즘 퇴사는 누구나 쉽게 접하게 되어 있다. 특히 취업난이 심각한 청년층이 회사를 다니다 퇴사를 하는 경우가 잦다. 그 이유를 물어보니 회사가 사람을 기계적으로 만들고 소모품처럼 취급하기 때문에 견디기 힘들다고 한다. 퇴사 후 여유를 만끽하고 자신의 진로에 대해 다시금 고민해보는 젊은이가 늘어나고 있다.

지금 나에게 퇴사라는 것이 새로울 것도 없는 일이다. 게임 회사를 다니는 직업의 특성상 퇴사를 여러 번 하게 되었지만 내 삶에서 특별한 계기가 되었던 몇 가지 퇴사가 기억에 남는다. 그 이유는 나의 인생에 있어 전환점을 만들어 준 퇴사에는 반드시 여행이 함께 했고 여행의 자유로움을 느끼고 새로운 시각을 가지게 되면서 지금 내가 나아가는 방향이 되었기 때문이다.

첫 번째 퇴사

대학을 졸업하게 된 X세대인 나에게 처음으로 메가톤급 시련이 찾아왔다. 대한민국 전체가 IMF 구제금융 사태로 인해서 사회 전체가 어려운 상황에 처했다. 종신 고용의 시대에서 정리해고의 시대로 넘어간 느낌이었다. 안정적인 회사라는 것은 존재하지 않는 때였던 것처럼 보였다. 정리 해고를 하는 때이다 보니 사람을 새로 뽑는 것도 많이 줄어들어 버렸다.

나 역시 취업이 쉽지는 않았다. 그래서 어차피 늦어질 상황이라면 하고 싶은 것을 하자는 생각에 게임 관련 학원을 1년을 다녔다. 학원을 수료 후 처음으로 취업한 회사는 작은 게임 회사였다. 그렇게 게임 개발자의 삶을 시작하였다. 원하던 게임 개발자가 되었지만 생각보다 쉽지 않은 일이었다. 야근은 당연시 되었고 월급은 생각보다 적었다. 지금의 청년세대가 겪은 상황을 나도 청년시절에 겪었다. 그런데도 상황은 나아지지 않을 것처럼 암흑이었다. 새로운 도전이 필요했다. 결국 나는 회사를 옮기기로 결정하고 새로운 회사를 찾아보기 시작했다. 게임 산업이 성장하는 시기였지만 회사를 찾기는 쉽지 않았다. 오랜 기다림 끝에 우연히 나에게 기회가 찾아왔다.

보람된 회사생활

두 번째 회사에서 온라인게임 개발을 진행하며 나름 성과를 내면서 보람을 느꼈다. 온라인 FPS가 막 태동하기 시작하던 때 FPS 게임 개발을 시작했었다. 지금은 유명해서 이름만 대면 다 아는 그런 게임과 경쟁을 했었다. 우리 게임을 퍼블리싱했던 회사는 당시에 꽤 규모가 있었고 우리 게임에 대해서 성과가 나오자 더 관심을 쏟았다. 하지만 항상 배신하는 것은 돈이 아니라 사람이었다. 게임이 어느 정도 성과가 나자 그것만으로도 자신의 이력에 더하는 것은 충분하다고 생각했는지 무책임하게 회사를 떠났다.

권고사직

다음 사람을 구해서 인수인계가 필요한데도 그런 것 따위 아랑곳하지 않았다. 나도 회사가 마음에 들었던 것은 아니다. 조금만 더 하면 좋은 결과를 할 수 있을 것 같은 상황에서 무책임하고 싶지는 않았다. 사람들이 떠나고 우여곡절 끝에 다른 사람들을 채웠지만 이미 게임 서비스시기를 놓친 게임은 망가진 상태였다. 결국 회사가 프로젝트를 정리하면서 권고사직을 당하게 되었다. 나름 담담한 마음을 유지하였지만 한 곳에 쓸쓸한 마음도 있었다. 그때 마침 아는 동생도 마침 퇴사를 한 상태라 유럽 여행에 대한 얘기를 꺼냈다.
그 때만 해도 내가 벌어놓은 돈이 없어서 유럽 여행은 꿈도 꾸지 않았다. 하지만 겉으로는 안 된다고 거부하고 있었지만 마음속에서는 '가고 싶다'라고 외치고 있었다.

회사 업무로 중국을 몇 번 다녀온 적은 있어서 해외로 나가는 것에 대한 거부감은 없었다. 그렇지만 해외로 여행다운 여행을 가지 못했기에 시간이 갈수록 도전해보자는 생각이 강하게 들었다. 그 당시만 해도 내가 해외여행에 대한 정보를 흔하게 얻을 수 있는 것이 아니었고 쉽게 나갈 수 있는 것도 아니었기 때문이다. 그런데 가기로 결정하니 갑자기 모든 것이 급작스러웠다. 몇 권 되지 않는 유럽 여행 가이드북 중에서 한 권을 사고 여행 일행도 카페를 통해서 구했다. 일행을 구하는 것도 쉽지 않았다. 지금 생각하면 굳이 일행을 구하지 않아도 된다고 생각했을 텐데 그 때는 모든 것이 서툴렀다.

어찌어찌 일행을 구하고 항공권을 구하고 유레일패스를 마련하고 떠났다. 공교롭게도 나를 포함한 6명의 일행 중 외국에 나가본 사람은 내가 유일했다. 나도 해외여행에 대한 경험이 부족한 것은 마찬가지인데 나름 일행을 이끄는 입장이 된 것이었다. 그렇게 어렵게 결정을 하고 떠난 여행이었지만 내 삶에 있어서 큰 전환점이 되었다. 말로만 듣고 사진이나 TV로만 보던 그런 유럽이 아니었다. 눈으로 보는 실제 유럽은 다른 느낌이었다. 내 마음을 울리는 것들이었다.

유럽 여행에서 많은 것을 느꼈지만 우선 그들은 자신의 시간들을 잘 보존한다는 것이었다. 오래된 유물이나 유적만 아니라 건물도 쉽게 고치지 않을 정도였다. 시간이 만들어내는 것은 돈으로 살 수 없는 것이기 때문이다. 반면에 그 당시 대한민국은 뉴타운 개발로 전 국토가 새로운 아파트로 바꾸는 것에 온 국민이 몰두한 시기였다. 뉴타운으로 아파트만 바꾸면 인생의 대박은 아니어도 평생 살 수 있는 집은 가질 수 있다는 희망을 가지고 있던 시기였다.

오래된 것은 낡은 것이고 그런 것들을 부수고 새로이 만드는 것에 치중했던 시기였던 것 같다. 물론 요즘에는 우리도 시간의 소중함을 알고 지켜 나가려고 하지만 이미 많은 것을 잃은 느낌이다.

유럽여행을 하면서 유럽의 사람들은 우리처럼 많은 노력을 하지 않는 느낌이었다. 유럽의 부유함은 현재의 것이 아니라 과거의 선조들이 쌓아 놓은 것이라는 생각이 들었다. 그 바탕 위에 자손들이 잘 유지해 나가는 느낌이었다. 그래서 그들이 안정적으로 나아간다면 우리도 충분히 따라잡을 수 있다는 교육적인 생각을 하게 되었다. 지금 돌이켜보면 이 생각은 반은 맞고 반은 틀린 것 같다. 어떤 부분에서는 따라잡았지만 그렇지 않은 깃들도 많기 때문이다. 역사가 꼭 앞으로만 흐르지는 않는다는 것을 느끼는 요즘이기 때문이다.

유럽여행

영국의 내셔널 갤러리에 갔는데 유명한 그림을 시대 순으로 보면서 어떻게 변화해갔는지 알 수 있게 되었다. 설명을 들으면서 그림을 감상하다 보니 그림에 대한 이해도 생기고 그림이 전보다 재미가 있었다. 짧은 시간에 그림에 대한 지식이야 크게 늘어날 수 없다 해도 거리감이 없어진 것만 해도 큰일이었다. 학창 시절에 서양 미술에 대해 배울 때면 왜 그 그림들이 유명한지 이해하기 어려웠다. 하지만 직접 가서 본 미술품들 특히 그림은 나에게 큰 감명을 주었다. 붓 터치 하나하나 느껴지고 세밀한 묘사가 눈에 훤히 들어왔다. 그런 그림들을 그들은 어렸을 때부터 보고 자라는 것이다.

중, 고등학교 때는 미술관에 간다고 하면 왜 가는지? 이해가 안 되던 내가 미술관에 가서 그림 앞에 앉아 선생님의 설명을 듣는 아이들이 그렇게 부러울 수가 없었다.

유럽여행 중에 오스트리아 빈에 갔을 때였다. 오페라를 보러 갔는데 영화에서 나오는 귀족들이 보던 갤러리석에서 봤다. 그런데 가격이 엄청 저렴했다. 우리 돈으로 5-6천원 정도였다. 물가를 생각하면 그들에겐 훨씬 저렴한 느낌이었다. 게다가 갤러리석은 복장도 자유로웠다. 우리는 오페라하면 정말 어렵고 멀게만 생각하는데 그들은 그게 일상이었던 것이었다.

유럽 곳곳에 넘쳐나는 문화가 있다는 사실이 나에게는 너무 새로웠던 기억이 난다.

썸

유럽 여행에서 잊지 못할 추억이 하나 있다. 여행 중 꿈을 꾸는 것이 로맨스이라고 생각한다.

낯선 이를 만나서 교감을 한다는 것은 정말 멋진 일이지 않은가! 지금은 보편화돼서 가이드 투어를 많이 하지만 그 때는 미술관이나 박물관 특히 바티칸 정도만 하는 경향이 있었다. 하지만 난 영국박물관과 내셔널 갤러리도 가이드투어를 했다. 그때 가이드를 했던 여성이 정말 인상적이었다. 그림에 대한 지식도 해박하고 설명을 이해하기 쉽게 해주는 것이었다.

그래서 다음날 시내 투어도 신청을 해버렸다. 두 번째 투어라서 그런지 더 친근함이 들었고 실제로 친해졌다. 가볍게 농담도 하고 장난도 하는 그런 사이가 된 것이었다. 투어가 끝나고 모두가 헤어졌지만 우리는 뭔가 아쉬움이 남아서 코벤트 가든Covent Garden까지 같이 갔고 펍Pub에 들러서 맥주를 마셨다. 그러나 난 런던을 떠나야하는 상황이었고 그녀는 런던에 계속 머물러야 되는 상태였다. 그래서 다른 말을 더 할 수 없었던 것 같다.

그렇게 아쉬운 이별을 한 탓인지 유럽 여행 내내 머리 속에서 그녀가 머물렀던 것 같다. 지금도 가끔 투어 중 같이 찍었던 사진을 보면 그 때를 떠올리며 미소를 머금는다. 몇 년 후에 혼자 다시 런던을 여행하며 그 때 투어 발자취를 더듬어봤지만 이미 어디에도 그녀의 흔적은 찾을 수 없었다. 더 일찍 용기를 냈어야 했는지도 모르겠다.

유럽 여행에서 여러 가지를 경험하면서 내 마음의 눈이 떠지는 느낌이었다. 세상을 바라보는 눈이 달라진 느낌이었다. 여행의 가치를 알게 되는 순간이었다. 여행에서 자유를 느끼는 순간이었다. 그리고 난 현실에 얽매여 있으면서도 또 다른 꿈을 찾아 여행을 틈틈히 다니게 되었다.

나는 누구보다 일하고 싶다.

회사 생활을 하면서 황금기 같은 순간이 누구에게나 있을 것이다. 나도 그런 시기가 있었다. 그 회사에 처음 갔을 때는 허름한 건물에 20명 남짓한 곳에서 FPS 개발을 하는 곳이었다. 이미 큰 회사와 퍼블리싱 계약이 된 상태였고 CBT를 준비하는 과정에 있었고 메인 기획자로서 일을 하기 시작했다. 회사 대표까지도 같이 게임 개발에 참여할 정도로 사람이 적었지만 화기애애했고 정말 재미있게 개발을 했었다. 이 때 알게 됐던 몇몇 사람은 지금도 나의 절친이 되었다.

야근을 했지만 괴로움이 아니었다. 내가 무엇인가를 만들어간다는 재미가 있었다. 이전 FPS 개발의 아쉬움이 더 커서 그랬을 지도 모르겠다. 그렇게 열심히 했지만 한국에 게임을 오픈한 후 성적은 처참했다. 1달 후에 동시 접속 인원이 급격히 빠지면서 서비스 유지에 급급한 상태가 되었다. 그러나 모두들 열심히 했기에 거기서 끝내기에는 아쉬웠던 것 같다. 아무도 겉으로 표현하지 않았지만 절실함에 더 열심히 했던 것 같다. 아직 해외 서비스 계약이 남아 있어서 희망이 없었던 것은 아니었다.

특히 중국 서비스에 사활을 걸었다. 하지만 그 당시 중국에서는 PC방을 중심으로 카운터 스트라이크라는 걸출한 FPS가 꽉 잡고 있었다. 당시에 대부분의 중국 퍼블리셔도 FPS는 가능성이 없다고 우리 게임과 계약하

기를 꺼려했다. 그러다 보니 지금이야 이름만 말하면 너무도 유명한 중국 게임 회사라 모두 알지만 당시에는 게임보다는 메신저 업체로 더 잘 알려져서 게임 쪽에서는 무명에 가까웠던 회사와 서비스를 하게 되었다.

그러나 이것이 더 잘 만들게 된 원동력이 되었다. 중국 회사도 성공시키기 위해서 유저들을 분석하고 우리에게 조언을 했었다. 그에 맞춰 게임을 새로 만드는 느낌으로 뜯어 고치게 되었다. 몇 개월을 그렇게 게임을 수정하고 드디어 오픈을 하게 되었다.

한 번의 실패가 있었기에 모두들 떨리는 마음으로 지켜보았다. 그런데 기적 같은 일이 벌어졌다. 1달 만에 최대 동시 접속자수가 100만에 가까운 수치를 보인 것이었다. 중국에 아무리 인구가 많다 해도 누구도 예상하지 못했던 일이었다. 이후 정말 파죽지세로 게임유저가 늘어났다. 유저가 많으니 당연히 수입도 점점 늘어 갔다. 그리고 중국뿐만 아니라 다양한 국가에도 진출하게 되었다. 그 과정에서 해외 서비스를 위해서 해외 출장도 잦아지게 되었고 의도치 않게 동남아 국가들의 느낌도 알게 되었다. 한편으로는 현지 퍼블리셔들과 잘 협의를 해서 몇 가지 시스템을 개발했는데 이 부분이 중국에 적용되면서 매출이 급격히 올라 갔다.

이렇게 회사는 성장을 해갔지만 초기부터 같이 일했던 직원들은 아쉬움이 커져 갔다. 회사는 부자가 되지만 직원은 여전히 그렇지 않았기 때문이다. 같이 일했던 사람들이 하나 둘 떠나가는 모습을 보면서도 내 자신이 만들어 놓은 자식 같은 게임을 놓을 수가 없어서 버텼다.

그러나 마음으로는 이미 알고 있었던 것 같다. 내 할 일은 거기 까지라고~~~

난 또 다시 퇴사여행을 준비했다.

퇴사를 생각하고 있던 와중에 문득 들었던 생각이 처음으로 퇴사를 하고 갔던 유럽여행이 생각났다. 마침 나의 고등학교 친구를 만났다. 마침 친구가 호주로 영어캠프를 진행한다고 해서 같이 간다고 했다. 그런데 떠나기 전까지 해야 할 일이 너무 많았다. 10일 정도를 회사를 떠나 있어야 하기에 처리해야할 것들이 너무 많았던 것이다.

내 친구는 영어캠프로 먼저 떠나고 나는 주말에 합류하기로 했다. 그런데 떠나기 전날까지도 정신없이 일을 하다 보니 어떻게 비행기에 올랐는지도 기억이 없었다. 오랜 비행을 하고 브리즈번에 내려서 입국하는네 그날따라 특히 나에게 까다롭게 호주의 입국심사가 이뤄졌다. 별도로 불려 가서 면담을 했는데 내 영어가 아주 능숙한 것이 아니니 더 당황스러웠다.

심신이 녹초가 된 상태서 밖으로 나가서 친구 얼굴을 보니 그렇게 반가울 수가 없었다. 낯선 곳에서 혼자 떨어져 고생하다 아는 사람을 만난 것이다 보니 마음이 안정되었다. 첫 날은 골드코스트 근처의 호텔에서 머문다고 해서 따라 갔다. 지금은 골드코스트는 신혼여행지로 유명한 곳이지만 그 때는 외국 사람들에게 더 인기 있는 곳이었다. 정말 멋진 곳이었다. 한국의 바다와는 또 다른 느낌을 줬다. 날씨가 안 좋은 것이 조금 흠이긴 했지만 말이다.

다음 날 우리가 오랫동안 머무를 시드니로 이동을 해야 하는데 비행기를 놓치게 되었다. 친구는 캠프의 학생들과 공항에 남기로 했고 나는 브리즈번을 잠시 둘러보고 오기로 했다. 그런데 브리즈번에 뭐가 유명한지 하나도 조사를 하지 않아서 말 그대로 산책이었다.

집 앞 거리를 산책하듯 강을 따라 걸었다. 공원도 지나치고 뮤지컬 극장도 지
나치며 대관람차가 있는 곳도 지나쳤다. 때로는 지나가는 사람들과 눈을 마주
쳐 보기도 했다. 머나 먼 외국 땅이었지만 마치 동네에 있는 것처럼 마음이 편
했다. 아마 현실의 모든 일들을 잊고 잠시나마 자유를 느꼈기 때문일 것이다.

감기몸살

시드니에서는 친구가 아는 지인 집에 머물렀다. 호텔이나 호스텔이 아니라 일반 가정집에 머무는 것 자체가 신기했다. 집주인이 한국 사람이다 보니 음식도 한국식으로 잘 먹었던 것도 좋았다. 외국에서 한국 사람과 교류한다는 것은 또 다른 느낌이었다.

하지만 사람에겐 항상 좋은 일만 있는 것은 아닌가 보다. 호주는 한국과 계절이 반대인데 시드니에서 머문 첫 날 밤에 창문을 닫지 않고 자면서 목감기에 걸리게 되었다. 편도선이 부어서 음식을 먹는 것이 너무 괴로웠다. 그러다 보니 여행의 의욕이 크게 감소하게 되었다.

시드니의 오페라 하우스도 구경하고 박물관도 가곤 했지만 몸이 안 좋아서 집에서 그냥 쉬기도 한 날도 있었다. 편도선에 염증이 생긴 것이라 항생제가 들어간 약을 먹어야 하는데 호주는 항생제가 들어간 것은 반드시 의사 처방이 있어야 한다고 했다. 나의 서투른 영어 실력으로 병원까지 가는 것은 엄두도 안 났다. 게다가 여행자보험을 들지 않은 상태라 현지의 비싼 병원비를 감당해야하는 것도 부담이었다.

아팠기 때문에 오히려 더 여유 있게 돌아다녔고 차분히 여러 가지를 생각해볼 수 있었다. 내가 지나온 길과 앞으로 나아가야할 길에 대한 생각을 꽤 오랫동안 깊이 하게 되었다. 떠나오면서 마음 한 켠에 자리 잡았던 생각이 확고해지는 느낌이었다.

퇴사여행은 새로운 도전의 준비

나는 다시 새로운 도전을 하고 싶었던 것이다. 사람은 자신의 일에 인정을 받을 때 성장하고 나아가는 것인데 그 당시에는 그런 느낌이 하나도 들지 않았다. 보통 사람이 볼 때 잘 나가는 회사에 안정적으로 다니는 것 같지만 실제로는 마음의 안정이 없는 느낌이었다.

결국 호주 여행이 끝나고 한국에 돌아간 후 얼마 안 있어 회사를 퇴사하였다. 나의 인생에 있어서 중요한 두 번째 퇴사를 호주 여행을 통해서 느끼고 결정했던 것이다. 역시 나에게 있어서 여행은 삶에 힘을 주는 요소이고 자신감을 불어 넣어주는 요소이다.

나의 직장 생활은 계속 되었지만 40대가 되면서 나이가 들수록 나를 원하는 회사는 점점 줄어들었다. 나의 경험과 실력을 보는 것이 아니라 나이를 보는 느낌이었다. 매니저급의 사람들은 자신보다 나이 많은 사람과 같이 일하기를 꺼려하는 것이 있었다. 유럽이나 미국 게임회사에서는 매니저로 올라가지 않고 실무 전문가로 지내는 사람도 많다는데 한국 게임회사는 일정 경력이 되면 반드시 팀장 등 매니저 역할을 하기 바란다. 그러면서 나이 많은 사람에 대해 인정하지 않는 분위기가 있는 느낌이다.

자존감 하락 후 찾아온 기회

이런 상황과 마주치다 보니 오랫동안 쉬게 되는 경우도 발생했다. 아무리 절약해도 최소한의 생활비가 필요한 법이니 시간이 갈수록 자존감이 떨어지곤 했다. 그러다 모바일 게임을 개발하는 팀에 다시 다니게 되었다. 이 팀이 속해 있는 회사도 한 때 크게 명성을 누렸던 회사로 지금도 꽤 많은 사람이 인지할 수 있는 회사였다. 새로운 프로젝트가 막 시작되는 것이어서 기대가 컸고 다시 게임 개발에 매진할 수 있다는 사실이 기뻤다.

처음에는 프로젝트 관리자의 방향을 파악하고 그에 맞게 세부적인 것들을 만들면서 재미있게 지냈다. 하지만 얼마 지나지 않아 조금씩 이상함을 느꼈다. 정작 게임의 방향성을 고민하고 재미를 위해서 만들어야 할 것들에 대해 정리해야 하는데 프로젝트 관리자는 회사 경영진의 눈치를 보기에 급급했다. 그런 것에 대해서 계속 말을 하고 프로젝트 방향에 대해 정립하려고 애를 썼다.

그렇지만 시간은 계속 흐르니 무한정 방향성에 대해 논의를 할 수 없어서 어정쩡한 상태에서 프로젝트는 계속 진행이 되었다. 그 와중에도 프로젝트 관리자는 계속 위쪽의 눈치만 보면서 이미 진행된 사항에 대해 변경되기가 일쑤였다. 올바르지 않은 방향에 대해 조언을 해도 오히려 부정적인 사람으로 인식이 되어가고 있었다.

구직 기간의 두려움

리더가 방향을 잘못 잡으면 얼마나 망가질 수 있는지 여실히 느끼는 계기가 되었다. 리더의 잘못된 방향 때문에 국가가 망가진 경우도 얼마 전에 있었는데 마치 데자뷰를 보는 듯 했다. 나는 서서히 지쳐갔고 오히려 말이 없어졌다. 내가 말하는 것은 더 이상 무의미하다는 생각이 들었고 내려오는 지시를 최소한으로 수행하는데 그치고 있었고 프로젝트는 이미 방향을 잃고 풍랑 속에서 위태롭게 간신히 버티는 느낌이었다. 나는 다시 한 번 퇴사에 대해서 고민을 하게 되었다. 하지만 직전에 너무 오랫동안 구직기간을 가진지라 두려움도 꽤 큰 상태였다. 사람이 한 번 큰일을 겪으면 소극적으로 되는데 나 역시도 그런 상태였던 것이었다.

하지만 그렇게 회사에서 퇴사를 안 하고 버티는 것은 의미가 없다고 생각을 했다. 경력으로 보면 꽤 나이든 사람이지만 내 인생으로 보면 난 아직도 해볼 수 있는 것이 많다고 생각했다. 결국 난 퇴사를 선택하게 되었다. 퇴사를 해본 경험으로 퇴사가 인생의 종착역이 아닌 것을 알기에 퇴사가 이제는 선택의 사항이 된 느낌이었다.

당신의 퇴직여행 경험을 적으세요

영원한 고통

편견

나만 불행한가?

"나의 인생이 불행하다고 생각했습니다. 나의 인생이 억울하다고 생각했습니다."

드라마 〈눈이 부시게〉에 나오는 대사이다. 내가 속으로 수없이 혼잣말로 한 말이기도 하다. 열심히 공부했으나 늘 1등을 해본 적이 없고, 열심히 일했으나 큰 돈을 만져보지 못했다. 열심히 무언가를 해도 나는 잘 할 수 없고 가질 수 없다는 것을 업으로 생각하고 살아야 했다. 그러나 사람의 마음속에는 누구보다 잘나고 싶고 잘살고 싶은 마음이 있다. 하지만 나는 누구보다 잘나기는커녕 못나기 일쑤였다. 못난 나의 능력과 나의 노력을 탓하면서 살기에는 세상은 너무 가혹했다.

나는 누구보다 못한 상황을 당연시여기며 살아야 하는 세상이 억울했고 불행하다고 생각했다. 그러니 내 과거를 한낱 종이에 불과해 다 찢어버리고 살고 싶었다. 과거를 기억하고 싶지 않았다. 하지만 기억은 사라지지 않아서 매일 생각이 난다. 이런 내가 너무 싫었다.

나는 여행을 떠났다. 내가 없는 나를 모르는 세상으로 떠나 살고 싶었다. 그리고 오랜 시간을 여행하다가 베트남에서 머물렀다. 아니 살았다는 표현이 더 어울릴 것 같다. 호치민의 나쁜 추억이 처음 베트남의 기억이었다. 호치민을 빨리 나와 중부로 이동했다. 베트남은 지금 어디나 개발이 한참 진행되는 장소였다. 다낭의 시내를 돌아다니면 공사가 진행되고 여지저기 완벽이라고는 찾아볼 수 없는 공사판이다. 마치 대한민국의 과거 공사판 현장을 볼 수 있었다.

다낭을 떠나 작은 도시, 호이안Hoi An으로 왔다. 작은 마을이었다. 첫 숙박을 한 홈

스테이가 현지 사람들이 살고 있는 아기자기한 동네에 있는 홈스테이였다. 하루를 자고 편안함을 느꼈다. 그날로부터 4개월을 더 있었다. 4개월 동안 여행자가 아닌 현지 주민처럼 그들과 어울리고 울고 웃으면서 그들의 삶에 녹아들어 살았다. 행복했다. 내가 이렇게 행복할 수 있을까라는 생각이 매일 들었다. 천 원에 먹는 점심에 행복하고 700원에 마시는 베트남 커피의 쓴 맛에 행복했다.

쓰디 쓴 베트남 커피를 마시며 인생의 쓰디 쓴 실패를 맛보고 나서 인생의 행복이 오는 것일까를 매일 생각했으나 생각하고 싶지 않아 빨리 커피를 마시고 일어났다. 아침 일찍 하루를 시작하는 사람들의 모습과 아침에 커피 한 잔을 마시면서 대화를 나누며 미소를 짓고 삶의 현장으로 떠나는 사람들을 보며 나의 과거를 생각했다.

행복은 누구나 똑같이 받는 것인데 행복의 농축도가 사람마다 다른 것일까라는 생각을 한 적이 있다. 어떤 사람은 돈에 행복을 느끼는 대신에 다른 인간관계가 약해서 걱정이고, 어떤 이는 돈은 없지만 사람들과 행복하게 지내는 것은 같은 행복이지만 같은 양의 행복이 사람마다 행복을 느끼는 수단이 다른 것이라는 혼자만의 생각을 한 적이 있다. 그런데 베트남에서 나의 생각이 틀리지 않다는 것을 느꼈다.

돈이 없어도 행복할 수 있다는 사실을 알게 되었고, 행복은 돈이 많고 적음과는 상관이 없다는 사실을 알게 되었다. 그래서 돈이 없으면 끈끈한 정을 가진 행복을 농축시켜 신이 주시는 것일까? 돈이 많으면 돈에 노예가 되면서 묽디묽은 행복을 주기 때문에 돈을 줘서 행복이라도 느끼라는 것일까?

대한민국으로 돌아가지 않고 해외에서 생활한 날이 길어져 언제인지도 잘 생각나지 않을 때가 많다. 나는 어느 국적을 가진 사람일까? 라고 물은 적도 있다. 나의 국적은 대한민국이다. 그 사실은 바뀌지 않을 것이다. 하지만 국적을 바꾸고

싶을 때가 많았다. 지긋지긋한 대한민국의 삶에서 벗어나 새로운 나로 살고 싶은 생각에 나를 모르는 세상에 살고 싶어 새로운 삶을 선택하고 싶어 떠났다. 여행이 좋아서 시작한 것이 아니다. 과거의 기억을 잃고 살고 싶었다. 하지만 기억은 더 선명해졌고 대한민국은 나에게 떨어지지 않았다.

나를 비롯한 서민들의 삶은 계속 힘들 것이고 고통스러운 시간도 많을 것이라는 것도 안다. 그래도 행복은 돈에 비례하지 않는다는 사실을 알았다는 것만으로 나는 여행에서 귀중한 사실을 알았다. 그래서 하루하루 소중하고 행복하게 살고 있다.

"잊다와 잃다"라는 단어의 차이를 아시나요?

학창시절에 배운 많은 내용은 기억에서 사라졌지만 중학교 국어시간에 배운 '잊다'라는 단어와 '잃다'라는 단어의 차이는 오랜 시간이 지난 지금까지 잊지 않고 있다. '잊다'라는 뜻은 기억에서 사라진 것을 의미하며 '잃다'라는 뜻은 가지고 있던 무엇인가를 잃어버려 없어진 것을 의미한다.

나는 살면서 내 것을 잃지 않기 위해서 노력했다. 다른 사람에게 나의 것은 빼앗기지 않기 위해 살았다. 그러나 경제적으로 내 것을 지키기 위해서 잃지 않기 위해 추억을 잊고 살았다. 행복했던 기억은 뒤로 남겨놓고 경제적인 것만이 중요한 세상에서 내 것을 잃지 않기 위해 우리는 살아간다. 그러나 경제적으로 잃지 않고 살아가는 삶이 과연 행복한 삶인가는 다시 생각해야 한다.

살아가다 보면 내 것을 잃게 되는 수많은 사건, 사고와 마주치고 당하기도 하고 살아가게 된다. 그때마다 우리는 잃은 것을 아까워하면서 살아간다. 손해를 아까워하면서 살아갈 날들을 지나치면서 살아간다. 경제적인 손해만 생각하고 현재를 하루하루 손해 보면서 지나간 날들을 생각하면 결국 잊고 지나간 삶을 후회하게 된다.

단어의 차이는 있지만 '잊다와 잃다'라는 단어의 차이는 없는 것이나 다름이 없다.

시지프스 신화는?

시지프스는 그리스에 있던 여러 나라 중 한 나라의 왕이었다. 시지프스는 병에 걸리자 자신을 죽음의 세계로 데려가려고 오는 헤르메스를 잡아서 감금시켜버렸다. 저승으로 인도하는 사자인 헤르메스가 일을 하지 못하자, 죽어서 저승으로 가야할 사람들이 저승으로 가지 않고 계속 살아있는 혼란이 발생했다. 그러자 분노한 제우스가 시지프스를 잡아서 산 위로 바위를 밀어 올려, 바위가 항상 꼭대기에 있게 하라는 명령을 한다. 하지만 바위가 산의 정상으로 올라가는 순간 다시 바닥으로 굴러 떨어져버린다는 문제가 있었다. 시지프스는 영원히 바위를 굴려 올리는 형벌을 받으면서 살아가게 되었다. 시지프스의 바위는 영원한 고통을 상징한다.

❝

우리에게 무엇을 가르쳐 주는 것일까?

시지프스는 바위를 산꼭대기로 밀어 올리고 바위는 다시 굴러 떨어지고, 다시 밀어 올리고 끝이 나지 않는 형벌을 받게 된다. 살아가는 삶에서 우리는 수많은 산들을 만나게 된다. 그 산은 성공, 꿈, 사랑, 슬픔, 고통 등으로 이루어진 산이다. 속세에 사는 우리는 산이 아무리 오르기 험난하다해도 산을 올라가려고 한다. 시지프스가 무거운 돌을 언덕 위로 굴러 올리듯이 우리의 인생을 위해 굴러 올린다고 이야기하지만, 언제나 산을 오르면서 고통을 받고 있다. 다리가 아파오고 숨이 턱까지 차고 땀이 온 몸을 젖는 것은 아무것도 아니다. 그것을 꿈이라는 포장을 하며 평생을 오르다가 인생은 끝이 나고 있다. 결국 죽을 때가 되어 후회를 하면서 주위의 소중함을 잊고 바쁘다는 이유로, 먹고 살기 힘들다는 이유로 외면하고 있다. 정상에서 잠시 우리를 기다리는 한줄기 시원한 바람만이 유일한 희망일 것이다. 그 바람은 올라가면서 내려놓고 싶었던 고통과 산을 내려가고 싶었던 갈등의 번민을 잠시 씻어만 줄 뿐이다.

❞

지구 속 외계행성, 아이슬란드 여행의 시작

유럽보다 북극이 더 가까운 나라, 아이슬란드. 아이슬란드의 수도 레이캬비크 Reykjavik에 도착한 것은 오후였지만, 짐을 찾고 나오니 벌써 해가 지고 있었다. 3시 30분인데 분위기는 이미 밤처럼 변해 있었다. 게다가 공항에서 출발할 때부터 눈이 오기 시작하더니 시내로 들어서자 함박눈으로 바뀌었다. 도시는 이미 한밤중이었고, 시내에는 사람도 별로 없었다. 북유럽의 활기찬 겨울 풍경을 기대했는데 말이다. 레이캬비크에서 가장 돋보이는 상징물은 단연 하들그림스키르캬 교회 Hallgrimskirkja church다. 현대식 콘크리트 건축물인데 건물 전면은 현무암기둥으로 상징화했고, 40년에 걸쳐 지난 1986년에 완공되었다. 겨울에 보는 어두

운 분위기의 교회는 더 정감이 갔다. 교회를 둘러싼 조명의 빛이 교회를 밝혀주고 있었다.

교회 앞에는 레이뷔르 에이릭손 동상이 서 있다.

유럽인 최초로 북미대륙에 발을 디디고 탐험한 사람으로, 아이슬란드 의회인 알싱기의 설립 1,000주년을 기념하여 미국 의회에서 선물한 것이다. 교회 안으로 들어서자 5,273개의 관이 연결된 파이프 오르간이 15m 높이로 서 있다. 힘을 내서 75m 높이의 전망대를 올랐다. 여기서 내려다보는 겨울의 레이캬비크는 어떤 풍경일까? 추운 날씨이지만 전망대에는 많은 관광객들이 모여 사진을 찍느라고 정신이 없었다. 하들그림스키르카 교회의 전망대에서 보니 수도인데도 그 흔한 고층 빌딩 하나 없다. 여름에는 아기자기하고 북유럽스러운 색깔을 입힌 집들을 보았는데, 겨울 동안엔 내려앉은 눈의 하얀 색만 보여주려나 보다. 교회를 나와

거리로 향했다.

각국에서 몰려드는 여행자들이 찾는 레이캬비크의 첫 번째 먹을거리는 핫도그다. 바이야린스 베즈튀 가게는 클린턴 전 미국 대통령이 즐겨 찾았다는데, 세계적인 신문에도 여러 번 실릴 정도로 인기가 높다. 다행히 밤에도 핫도그를 먹을 수 있었다. 나는 레이캬비크에 올 때마다 이 핫도그를 먹으러 온다. 변하지 않는 착한 가격이라 더욱 좋다.

밤 9시, 레이캬비크 최대의 번화가인 라우가베구르 거리는 여전히 북적였다. '불금'을 즐기러 나온 주민과 관광객들이 뒤엉켜 카페와 펍은 꽉 차 있었다. 정겨운 분위기다. 표정은 차가워 보이지만 속마음은 따뜻한 아이슬란드인들을 닮았다. 여름에는 '뢴튀르'라고 해서 해가 지지 않는 백야가 오면 금요일부터 월요일 아침까지 즐기는 젊은이들의 문화가 있다. 겨울의 불금도 여름 못지않았다.

가슴 벅차게 아름답고 장엄한 광경, 골든 서클을 찾아서

오늘은 골든 서클이라고 불리는 아이슬란드의 대표적인 관광지 세 곳을 보기로 했다. 레이캬비크에서 꼭 찾아야 할 관광지인 이곳들은 아이슬란드의 자연과 문화가 농축된 장소라는 의미에서 골든 서클이라 불린다. 수도인 레이캬비크를 벗어나자마자 드넓은 눈밭이 펼쳐진다. 산 아래 초원에서 눈이 덮인 자연 풍광이 끝없이 나타난다. 레이캬비크에서 약 2시간을 달리면 드디어 골든 서클을 만난다. 오랫동안 눈과 얼음으로 가득한 끝이 없을 것 같은 도로를 달려왔는데, 골든 서클에 도착하니 다른 세상에 온 것 같다.

골든 서클의 첫 타자, 드넓게 펼쳐진 초원과 습지 사이로 강물이 흐르는 싱베들리르 국립공원은 깨끗한 겨울의 옷으로 갈아입었다. 바위 앞 깃대 위에 아이슬란드의 국기가 휘날리고 있다.

대서양 한가운데 떠 있는 고립된 섬 아이슬란드의 정체성을 품은 듯 꼿꼿하게. 저 멀리 보이는 싱그베들리르 교회는 1859년에 만들어졌다. 하얀색 속에서 십자가만 보이므로 숨은 그림 찾기처럼 잘 살펴야 찾을 수 있다.

골든 서클의 두 번째 경유지는 게이시르다. 아주 오래전, 헤클라 화산 폭발로 간헐천이 생겨났다. 뜨거운 김이 뭉게뭉게 피어나는 사이로 갑자기 솟아오르는 간헐천을 보니 생기발랄한 정춘의 느낌이 든다. 게이시르는 긴헐천 한 곳의 이름이었지만 지금은 간헐천을 통칭하는 단어로 쓰인다. 물의 온도는 섭씨 80~100도씨에 이른다. 게이시르는 예고 없이 빵! 터진다.

다들 그 놀라운 광경을 포착하려고 사진기에 손을 고정하고 분출의 순간을 기다리지만 분출의 이미지는 쉽게 포획되지 않는다. 분출도 분출이지만 그 순간을

기다리는 사람들을 바라보는 것도 재미있다. 분출 이후에는 다들 각자의 사진기를 보며 잘 찍혀있는지 확인한다.

탄식과 환호가 어우러지고, 일단의 사람들이 우르르 빠져나가고 나면 탄식의 무리들만 남아 다시 사진기를 몸에 고정한다. 보통 5분에 한 번 분출된다고들 하지만, 사실 그건 게이시르 마음이다. 여름철 게이시르는 '분노의 물줄기'를 5분에 한번 꼴로 하늘 높이 뿜어내지만, 겨울에는 추운 날씨 탓인지 높이 솟아오르는 장면은 몇 번에 한 번 정도밖에 없다. 높이 솟는 게이시르를 찍기 위해 한참을 기다리는 게 쉬운 일은 아니겠으나 다들 표정은 웃고 있다. 다행히, 이번에는 높이 솟아올랐다. 여름보다 더욱 시원하게 뻥 뚫리는 느낌. 잠시 뒤 나도 환호를 지르며 자리를 떴다.

세계10대 폭포에 이름을 올린 귀들포스

골든 서클의 마지막은 우렁찬 폭포 소리를 들을 수 있는 귀들포스다. 워낙에 해가 짧다 보니 오후 2시인데도 마음이 불안하다. 날씨가 좋으면 무지개와 함께 귀들포스의 모습을 담을 수 있지만, 겨울에는 구름이 낀 날이 많아 무지개가 뜨는 경우가 드물다. 귀들포스에는 한때 위기의 순간이 있었는데, 민간인 투자자가 수력발전 개발을 위해 경매에 넘겼던 것이다.

한 여성이 귀들포스의 보존 이유를 알리고 서명을 전개하여 정부의 마음을 움직였고, 정부가 귀들포스를 사들이면서 1979년 자연보호구역으로 지정되었다. 많은 사람들이 이곳을 보고 즐길 수 있게 되고, 폭포주변의 자연 환경을 영구적으로 보존될 수 있었던 건 아이슬란드 최초의 환경운동가라 할 수 있는 그녀 덕분이다. 그녀의 노력에 박수를.

야성적이고 장대한 귀들포스는 세계 10대 폭포 가운데 하나로 아이슬란드에서는 가장 큰 폭포다. 정상의 만년설에서 흘러내린 폭포수가 32m 절벽 아래로 내리꽂히기에 땅 속으로 떨어지는 폭포라고도 불린다. 한여름의 귀들포스는 무더위를 한 순간에 날려버릴 정도로 시원한 매력을 발산하는데, 겨울인 지금은 매서운 바람에 뺨을 감추기 급급하다. 그래도 굉음을 내뿜으며 흘러내리는 귀들포스를 보니 가슴 속 답답했던 것들이 싹 사라지는 것 같다. 모두들 폭포를 보느라 정신이 없고, 발걸음은 떨어지지 않는다.

사진으로나마 조금 더 많은 기억을 남겨두기 위해 폭포 가까이 한 발짝 더 다가선다. 한 컷의 순간을 위한 노력이라니, 어떤 풍경이 또 이토록 간절했단 말인가?

아이슬란드 남부, 살아있음을 실감하다.

빙하가 만든 풍경들

숨을 크게 들이 쉰다. 숨을 쉴 때마다 온몸이 아이슬란드의 맑은 공기에 반응한다. 내가 살아있다는 실감, 본래의 나로 돌아가는 기분. 천혜의 자연을 상속 받은 아이슬란드 사람들. 하지만 화산과 빙하로 둘러싸인 이 땅에서 지금의 생활 수준으로 끌어올리기까지는 쉽지 않았을 것이다. 그저 순리대로 살아갈 수밖에 없었을 거라 생각해 보지만, 순리, 순리······.

겨울엔 보통 남부 지방을 여행한다. 스코가포스는 남부에서 가장 유명한 폭포이다. 62m아래로 떨어지는 폭포의 물줄기가 언뜻 얼어있는 듯 보이지만 가까이 다가가면 아주 딴판이다. 빙하가 녹아 흐르는 폭포의 물줄기는 겨울에도 줄어들지 않아 접근하기 힘들다.

여름과 마찬가지로 어느 정도 거리를 두고서야 제대로 폭포를 감상할 수 있었다. 여름에 찾아 왔을 땐 그저 아름다운 전원으로만 보였던 인근 마을이, 한겨울인 오늘은 좀 쓸쓸해 보이기도 한다.

해안 절벽의 주상절리는 화산이 폭발할 때 용암이 급격하게 식으면서 생긴 암벽이다. 바닷물에 침식된 해안 절벽은 다양한 형태의 동굴을 만들었다. 오랜 시간 파도가 깎아낸 자연의 조각품인 것이다.

남부의 주상절리를 볼 수 있는 '레이니스피아라'는 레이캬비크의 상징인 하들그림스키르카 교회의 모태가 되었다.겨울 여행의 하이라이트는 오로라와 얼음동굴인데, 남부여행에서 이 두 가지를 모두 즐길 수 있다. 그 중 '스비나펠스요쿨'이란 곳에서는 빙하트레킹을 즐길 수 있으며 영화 〈인터스텔라〉의 얼음행성을 이곳에서 촬영한 이후로 항상 관광객들로 붐빈다.

빙하트래킹 후에는 '요쿨살론'으로 이동해 빙하를 근접한 거리에서 감상할 수 있다. 압축된 유빙 때문에 이곳의 빙하는 천 년의 세월을 견뎠다고 한다.

뜻밖의 만남, 오로라

남부를 여행하는 동안 날씨가 좋지 않았다. 비가 오는 바람에 얼음동굴은 고사하고 오로라도 볼 분위기가 아니었다. 구름이 이렇게 거대한 줄은 몰랐다. 물기를 머금은 까만 구름이 온 하늘을 덮고 있어서 한번 들어가면 그 안에서 길을 잃을 것처럼 보였다. 몇 킬로미터를 운전해도 구름 밑을 벗어나지 못하니 얼마나 큰지 짐작할 수 있으리라.

다행히 호픈을 지나면서 날씨가 좋아지기 시작했다. 동부로 가는 길은 그래도 열려 있어서 동부의 겨울 피오르드를 눈으로 볼 수 있었다. 그렇게 다섯 시간 만에 에이일스바니르에 도착했다. 장시간 운전에 지쳐 저녁을 먹자마자 바로 잠이 들어버렸다.그러다가 아래층에서 여행의 감흥에 젖어 떠드는 외국인들 때문에 잠에서 깨어났다. 한동안 다시 잠을 못 이루다가 오로라 지수와 날씨예보를 확인하고 창밖을 내다보았다. 구름이 많이 끼어 오로라는 볼 수 없나 생각한 그 순간, 하늘에 초록색 띠가 생겨났다.

뭔가 싶어 봤더니 한 줄이 더 생겼다. 오로라였다. "덕진아, 오로라야!" 친구를 부르며 카메라를 챙기고 밖으로 뛰쳐나갔다. 어느새 동쪽에 한 줄이 더 생겼고, 북쪽에는 연속적인 짧은 줄이 생겨났다 사라지기를 반복했다.

구름이 흩어지며 별이 선명한 하늘이 나타나고, 이어, 오로라. 우리는 차를 끌고 어둠이 짙어진 산으로 차를 몰고 갔다. 거기서 기다리면 더 선명한 오로라를 볼 수 있을 거라고 기대했다. 30분 정도를 기다렸지만 오로라는 다시 나타나지 않았다. 구름이 계속 몰려오더니 눈까지 뿌려댔다. 그렇게 짧은 인상만 남은 오로라를 마음속에만 담아 가져와야 했다. "내일 북쪽의 미바튼 호수로 가면 더 선명한 오로라를 볼 수 있을 거야!" 서로 위안하고, 잠시라도 오로라를 볼 수 있었음에 감사했다. 선명한 오로라도 아니었고 결국 사진에도 담지 못했지만 '기다리고 노력하면 원하는 바가 이루어진다'는 작은 진리는 다시 한 번 확인했다.

모든 조건이 갖추어져야만 오로라를 볼 수 있는 게 아니듯 사람의 인생도 모든 조건이 갖춰져야 성공하는 건 아닌 것 같다. 오히려 부족해도 노력하고 기다리는 자에게 오는 것은 아닌지.

사람이 저마다 다른 외모와 성격을 가지고 있듯, 그 사람에 어울리는 성공도 저마다 다르지 않을까. '돈으로의 성공'에 취해 있는 이들에게 성공의 여신은 너무 바쁜 나머지 이들 모두에게 은혜를 베풀어 줄 없는 모양이다. '나만의 성공'. 나만의 성공의 여신을 바라보고자 노력하지만, 그게 무엇인지는 찾아야 하는 게 더 문제긴 하겠지. 그래도 오직 그것만이 나를 넉넉하고 행복하게 하며 오랜 시간 동안 나를 위해 헌신해 줄 거라고 믿는다.

아이슬란드 겨울 여행의 진수, 북부 지방

많은 여행자들이 겨울 아이슬란드 여행에서 동부와 북부를 제외하곤 한다. 위험하다는 인식 때문이다. 실제로 눈이 많이 올 경우 동부와 북부의 도로들이 폐쇄되기도 한다. 그러나 그런 경우가 아니라면 아이슬란드 대자연의 겨울을 볼 수 있는 동부와 북부 여행을 굳이 뺄 이유는 없다. 매일 몇 번씩 제설작업을 펼치기 때문에 조심해서 운전한다면 데티포스를 제외하고는 충분히 차로 접근이 가능하다.

일찍 눈을 떠 오전 8시부터 에이일스타디르를 향해 출발했다. 혹시나 가는 길에 오로라를 볼 수 있을지도 모른다는 기대에 부풀었지만, 광활한 구름이 하늘을 덮고 있는 것을 보고 바로 마음을 접었다. 그러나 북부로 가는 길은 그 자체로 환상적이었다.

눈 덮인 길은 의외로 미끄럽지 않았고, 속도를 줄여 천천히, 집중을 해서 꾸준히, 앞으로 나아갔다. 오히려 차가 한 대도 없어서 우리만 길 위에 덩그러니 있는 느낌이 묘하게 다가왔다. 처음에는 쓸쓸하기도 했으나 10시가 넘어가면서 눈 위로 햇볕이 쏟아졌고, 하얀 도화지 같은 눈밭 위를 최초로 탐험하는 듯한 기분에 결국 도로 한쪽에 차를 세우기도 했다.

아무도 없는 세계에서 우리만 서 있는 이 감정, 그것을 오롯이 느껴보고 싶었다. 차문을 열고 바깥으로 나가는 순간 차가운 공기에 코가 바로 반응했다. 온몸이 신선하고 깨끗한 공기로 채워지면서 몸이 새롭게 탄생하는 기분이랄까?

제자리에서 한 바퀴를 돌아보면 온통 하얀 눈밭이었다. 카메라도 초점을 잡는 데 실패하기 일쑤였고, 스마트폰의 파노라마 모드도 이동선을 잡지 못해 제대로 찍히지 않았다. 우스울 만큼 새하얀 공간이었다. 지구상에 이런 공간이 또 있을까? 극지방에라도 가야 만날 수 있지 않을까? 영화 〈인터스텔라〉의 얼음행성(실제로 아이슬란드에서 촬영하기도 했지만)을 탐험하는 기분이었다. 나와 친구는 평소 그런 성격도 아닌데 잔뜩 들며, 동심이 되살아난 것처럼 말도 안 되는 이야기들을 떠들며 주변을 뛰어다녔다. 우리가 눈처럼 순수해졌음을 알 수 있었다.

상상초월 데티포스 로드

문제는 862번 도로를 통해 데티포스로 향하는
와중에 발생했다. 우리 앞에 딱 한 대의 차만
지나갔는지 도로 표시도 보이지 않는 하얀 길
은 이것이 길이 맞나 싶을 정도로 주변과 분
간하기 어려웠다. 도로 양쪽에 표시 봉 같은
것만 보일 뿐이었다. 도로에 쌓인 눈이 차량

밑을 긁으면서 차도 이리저리 흔들렸다. 친구는 계속 데티포스를 꼭 가야하는
건지 물었지만, 나는 모른다는 답만 계속 했다. 그러나 돌아갈 수도 없었다. 돌
릴 만한 길이 어디인지도 모르겠고, 차가 멈추는 순간 눈밭에 갇혀버릴 것 같아
서였다.

한참을 느린 속도로 가고 있는데 앞에 차 한 대가 보였다. 반가운 그 차는 우리에게 다가오고 있었다. 반대 방향으로 돌아가는 중이었던 것이다. 그 차는 바퀴가 아주 큰 오프로드 차량이었다. 우리가 길을 내줘야만 하는 상황이었다. 친구와 "어떻게 하지?"란 말만 반복하는 중에 그 차는 우리 바로 앞에서 왼쪽으로 차선을 벗어나 말 그대로 '오프로드'로 달리기 시작했다. 우리는 그 위용에 기겁할 지경이었다.

다행히 얼마 가지 않아 주차장 표지판이 나타났다. 눈이 이렇게 쌓여 데티포스를 볼 수 있을지는 장담할 수 없었다. 다만 차라도 되돌릴 수 있으면 다행이라고 생각했다. 주차장에는 바퀴가 큰 오프로드 차량이 3대나 더 있었고, 한 무리의

사람들이 '캐나다 구스'가 찍힌 방한복에 신발에는 아이젠을 차고 등산 스틱까지 들고 있었다. 그들은 우리가 차에서 내리자 놀란 눈으로 우리를 쳐다보았다. 어떻게 이 눈난리에 일반 차량으로 데티포스까지 올 생각을 했냐는 눈빛이었다.

그들은 눈밭을 헤치고 데티포스로 걸어가기 시작했다. 친구는 돌아가자고 했지만 나는 그래도 한 번 가보자는 입장을 고수했다. 앞선 팀들을 따라가면 쉽게 갈 수 있을 거란 판단이었다. 장갑도 없이 그들을 따라 걷는 북부의 날씨는 예상보다 훨씬 매서웠다. 주위에 바람을 막아줄 장벽 같은 게 아무 것도 없었기에 찬바람을 온몸으로 받아내야 했다. 얼굴은 새빨개졌고 입술은 새파랗게 질렸다. 손은 동상에 걸린 듯이 얼얼했다. 1㎞ 남짓 걸었을까. 선봉대가 자리에서 멈추더니 카메라를 꺼내기 시작했다. '데티포스'라는 것을 직감하고 더욱 힘을 냈다.

하얀 눈을 뚫고 보이는 것은, 힘차게 아래로 물줄기가 뿜어지고 있는 폭포 데티포스. 사실 아이슬란드 여행자 사이에선 이런 이야기가 있다. "데티포스는 (우리가 지나온) 862번 도로에서 보면 웅장함이 덜하기 때문에 반대쪽 864번 도로로 들어가서 봐야 한다"고. 하지만 겨울 데티포스는 나의 편견을 비웃기라도 하듯 862번 도로에서 더욱 웅장하고 멋있었다. 데티포스는 편견이 여행의 장애가 된다는 걸 깨닫게 해줬다. 그걸 알려주기 위해 나를 힘들게 여기로 데려온 게 아닌가 하는 생각도 들었다. 나는 오늘도 자연에게 크게 배운 셈이었다.

여행은 자유이다.

여행을 하면서 깨달은 것 중 하나는 '자유'였다. 여행과 자유는 밀접하다. 자유라는 것은 어떠한 형태가 없는 그대로를 드러내는 것이다. 즉 '벗어나는 것이다. 평소의 자신에서 가면을 벗는 것이다. 여행은 얼마나 오래, 얼마나 많은 나라를 다녀왔는지 겨루는 겨루기 게임이 아니다. 학교에서의 '나', 직장에서의 '나', 부모로서, 자식으로서의 '나'가 아닌, 아무것도 아닌 '나'가 되어보는 시간이다. 그 시간동안, 우리는 새로운 모습의 '나'를 발견하게 된다. 그래서 우리는 다른 공간인 해외로 가는 것이다. 여행이 그냥 '나'가 되는 최고의 방법이니까.

여행에서 나는 자신을 사랑하는 법을 배웠다. 히치하이킹을 하는 여행자를 태워주면서 만난 남자와 차량에서 많은 이야기를 나눴는데 정말 멋진 청년이었다. 그 청년이 직접적으로 말해준 것은 아니지만, 이야기에서 많은 것을 배웠다. 나를 사랑한다는 것은 나에게 착해지는 것이다. 아주 간단하게 내가 너무 실망스럽고 한심할 때 위로해주고, 내가 너무 못생겨 보일 때 잘생겼다고 해주고, 내가 인생에서 넘어져 있을 때 일으켜 세워주고, 이런 것이 자신을 사랑하는 것이라고 생각한다. 자신에게는 엄격하고 남에게는 관대한 것이 아닌 누구에게나 관대해지는 것이다.

자신을 사랑하면서 다른 사람이 눈에 들어왔다. 그렇게 세상이 아름다운지 ~~~~ 인간이란 원래 '나'부터 만족해야하는 것이다. 여행을 가는 사람들이 많으면서 누구나 TV 등의 미디어로만 봐왔던 다른 세상에 궁금해 하고, 여행이 취미인 이들이 늘어났다. 여행을 통해 자신을 사랑하게 법을 배우게 되면, 언젠가 '지구'처럼 모난 데 없이 둥글둥글 해지지 않을까?

당신의 퇴직여행 경험을 적으세요

자존감 기르기

눈높이 여행

모든 선입견과 편견을 내려놓아야 한다. 해외에서 여행을 하면 현지의 상황에 맞게 눈높이를 맞추어야 한다. 편견 없이 그 나라와 문화를 경험할 마음을 가지고 있어야 한다. 편견 없이 그들을 이해하고 사랑해야 한다. 편견 없이 나의 일정에서 주는 체험에 감사하면 현장을 제대로 느껴보는 경험을 하게 된다. 말하기는 쉽지만 실제로 쉽게 되지는 않을 것이다.

동심의 세계로 돌아가 천진한 눈을 가지려고 하면 되지 않을까? 어린이의 눈으로 본다면 충분히 가능할 것이다. 그런 면에서 여행은 어린 나이에 시작하면 다른 문화를 보는 눈을 다양하게 가질 수 있게 되어 좋다.

여행은 창의적인 생각을 위한 기회

나는 주로 집에서 일도 하고 독서를 한다. 여행을 할 때는 책을 읽기보다 창밖을 통해 세상을 보려고 해서 커피숍에서 창밖을 지나가는 행인들을 관찰하곤 한다. 낯선 곳은 사람을 매우 창의적으로 만들어 준다. 익숙해진 습관으로부터 벗어나게 하기 때문이다. 이것은 나와 같은 여행 작가에게 정말 소중한 것이다. 만약 항상 똑같은 곳에 있다면 생각 또한 틀을 벗어나지 못할 수 있다. 평소의 환경에서 벗어나면 진정한 영감이 떠오르게 되기도 한다.

나의 창의적인 생각 중 일부는 호텔방에서 시차적응이 안되어 뒤척일 때 떠오른 것들이 많다. 잠이 안와 숙소에 비치된 메모지에 생각난 영감, 미래에 대한 생각 같은 것을 끄적인다. 그렇게 떠오른 생각은 매우 창의적인 경우가 많다. 당신도 여행을 할 때 읽지 말고 생각을 해보기를 추천한다.

나는 항상 여행에 대한 생각뿐만 아니라 다른 주제에 대해서도 생각한다. 나는 '행복'과 '고통'같은 주제에 관심을 가져왔다. 여행, 일, 행복, 삶 등 인간의 활동은 좋은 점과 나쁜 점을 항상 함께 수반한다.

현재 삶의 어려움을 극복하는데 도움이 되면 좋겠다. 지금 우리 사회에서 평범한 삶은 전혀 평범하지 않다. 오히려 '비 평범'이 평범한 것이라고 가면을 쓰고 있다. 불안을 촉발시키는 생활로 꽤 힘들다. 현대사회를 관찰하고 어려움을 이겨나가는 데 위안을 주는 행복을 찾아 다녔다.

(책을 쓸 때면) 이상하지만 내가 완벽한 이해를 바탕으로 하는 것이 아니라 '아 이거 좋은 생각인데'라는 생각이 문득 떠오를 때가 있다. 직관적인 생각이다. 즉 요리사가 어떠한 맛을 발견하고 '이 맛 참 독특한데!'라고 느끼는 것과 같다. 그것이 정확하게 어디에서 비롯되는 생각인지 모르지만 좋은 생각이라는 느낌이 오는 것이다.

나는 대개 공책을 가지고 다니며 여러 아이디어를 쓴다. 어려운 것은 나열된 수많은 아이디어를 어떻게 책으로 엮을까 하는 것이다. 책은 수 만개의 단어가 서로 연관되어 있는 아이디어의 긴 나열이다. 따라서 저는 하나의 좋은 아이디어를 한 권의 책으로 어떻게 엮을 것인지가 정말 어려운 문제라고 생각한다. 이 작업을 위해 나는 일단 좋은 아이디어를 우선 많이 끌어 모았다가 각각의 아이디어를 어떤 '가방'에 넣을지 생각한다. 책은 항상 '가방'과 같은 것이고 각각의 책은 일정양의 흥미거리와 아이디어를 담고 있다.

지금 인터넷의 여행사진에 눈이 멈춘 당신이라면 이런 사진 한 장 정도는 인터넷에서 봤던 적이 있을 것이다. 이제는 생각만 하지 말고 몸만 가지고 떠날 준비를 하자. 당신은 일하는 기계로 살아가는 삶이 아닌 나의 행복을 이루어 줄 여행을 만들어야 한다.

여행의 장점

가족과 함께 보내는 시간을 갖고, 많은 대화를 나누고, 스트레스가 적었으면 좋겠다고 생각했다.

덴마크 사람들의 행복지수는 세계 1등이란다. 어떻게 살면 1등으로 행복할 수 있나 봤더니 별것 없었다. 사랑하는 사람들과 따뜻한 집에서 대화를 나누고, 필요 이상의 소비를 하지 않고, 몸도 마음도 편안한 상태를 유지하는 것. 푹신한 소파에 앉아 부드러운 담요를 무릎에 덮고 달달한 핫초코를 마시며 좋은 책을 읽는 것. 이런 생활방식을 '휘게'라 부른다고 했다.

돌이켜 보면 여행에서의 순간들이 그랬다. 오래도록 기억에 남는 것은 우연히 들어갔던 좁은 골목, 버스 창밖으로 보이던 일상적인 풍경의 잔상처럼 소소한 것들이었다. 느릿느릿 천천히 걷고, 커피 한 잔에 행복해 하고, 단순하게 보냈던 여행의 날들이 '휘겔리하다'는 생각이 들었다. 행복이 하늘에 있는 별들처럼 멀리 있지

않다는 것을 지금은 안다. 내가 찾으려고만 하면 행복은 언제나 눈앞에 있었다.

여행은 매번, 또 다른 여행을 꿈꾸게 한다. 몰랐던 서로의 취향, 잘 하는 것, 하고 싶은 것들을 이끌어내곤 한다. 조금은 다른 선택을 할 수 있는 마음의 여유도 자라나게 한다. 긴 여행을 했다고 해서 대단한 사람이 되거나 큰 깨달음을 얻었거나 드라마틱한 삶의 변화가 있었던 건 아니지만, 서로 마주 앉아 매일 곱씹어도 남을 만큼 커다란 추억 보따리가 생긴다

친구와의 수다

친구와의 수다가 나이가 들수록 좋은 점은 무엇일까? 추억을 기반으로 한 오늘의 삶이 얼마나 아름다운 것인지 되새기게 한다. 결국 단순한 추억담이 아니라 추억과 함께 오늘을 환기하고 내일을 꿈꿀 수 있게 한다는 것이 미덕이다.

영혼의 빨래

일상에서 느리고 기름지게 살아서 배도 고프고 다리도 부들부들 떨리지만 다시 돌아가면 바쁘게 살아갈 수 있을거 같다. 다 잊어버리게 되면서 영혼의 빨래가 된다. 일상에서 내 미음대로 되지 않으면 짜증을 내고 화도 내지만 해외여행에서는 걸으면서 날씨가 나빠도 일정을 보내면서 힘도 들지만 나의 과거를 돌아보고 묵묵히 나를 돌아보기도 한다. 이곳이 여행의 장점이 아닐까?

생활의 달인

4전5기 감자탕. 칼국수. 국수. 만두. 그리고 김밥, 그리고 나서 성공했다. 남들이 나를 인정해주었다는거. 이제는 잠 안 자고 밥 안 먹어도 행복하다. 내 삶이 실패만은 아니었다는 거 그게 행복이다. 김밥 한 줄이 작을지는 모르지만 김밥 한 줄에 정성을 담아 싼다.

우리는 북유럽은 '어떻다더라? 부탄은 이렇다네?' 하지만 우리 대한민국이 북유럽처럼 부탄처럼 될 수 있는가? 될 수 없다는 것이 나의 결론이다. 몇 십년을 12시간을 넘게 일하고 저임금에 익숙한 경제가 한 순간에 북유럽처럼 바뀔 수 없다. 나는 생활의 달인을 본다. 그들을 존경한다. 한가지에 달인이 될 정도로 노력한 그들의 시간과 인내를 존경한다.

1만 시간의 법칙처럼 내가 그렇게 되지는 못할 것이다. 많은 나라의 행복은 도대체 무엇인지 궁금했다. 못살아도 행복한 나라가 있고 잘살아도 행복하지 못한 나라가 있다. 오랜시간 그 나라들을 여행하고 공통점을 발견했다. 행복한 나라들은 개개인을 존중하는 마음이 있다는 것이다. 사람을 기능으로 대하지 않고 서로 존중한다는 것이다. 우리는 권력. 돈에 사람을 평가하면서 가난한 사람을 홀대하는 경우가 많다. 홀대당하는 사람은 만족스러울 수가 없다.

인생과의 거리두기 여행, 메크네스(Meknes)

미로처럼 복잡한 골목에서 느낄 수 있는 따뜻한 사람 사는 냄새가 반긴다. 시간이 피해간 듯 따뜻하게 나를 반겨주는 사람들, 그 사람 사는 냄새가 여행을 계속 떠나게 한다. 나의 예전 모습을 찾아보고 생각할 수 있는 시간은 관광지의 단순한 멋진 건축물에서 찾지 못한다. 그것은 오래된 골목길이나 시장에서 찾게 된다. 그곳에는 나와 같은 인생을 가진 군상들과 골목길에서 나의 옛 시간들을 끄집어낼 수 있다. 나에 대해 생각해 보니 장점과 단점을 알게 되고 나에 대해 깊은 성찰을 하게 된다. 그래서 나는 시간의 향기를 품은 모로코로 여행을 떠나게 된 것이다.

아름다운 풍경이 지나가는 차들의 빛을 머금었다. 광장을 지나가는 차들의 소리마저 아름다운 노래 소리처럼 따뜻했다. 힘든 하루를 보내고 집으로 돌아와 따뜻한 이불속으로 들어왔을 때처럼 포근함이 느껴졌다.

여행을 하며 행복한 시간은 오랜 시간을 도시와 함께하여 자리를 잡고 한 공간의 온도를 온몸으로 느끼는 일이다. 전 세계에서 몰려온 관광객보다는 현지인과 함께 먹고 마시며 장소를 내 몸이 익히는 것이다. 관광객이 북적이는 관광지보

다 한적한 로컬 공간, 지금까지 나를 위해 기다려준 시간에 감사한 마음을 가진다. 이런 공간은 내 몸으로 찍고 여행이 끝나면 사진으로도 같이 느낄 수 있다.

온 몸으로 여행지를 느끼는 가장 일반적인 행동은 현지의 맛있는 음식을 혀로 느끼는 것이다. 맛의 기억은 혀에서 입으로 뇌로 전해진다. 모로코의 전통 음식 타진과 쿠스쿠스로 현지의 감성을 입에서 뇌까지 전달하고 맛의 기억은 여행지를 행복하게 기억하게 한다. 훌륭한 미각으로 현지를 감상해보는 것도 좋은 방법이다.

천천히 돌아보는 여행자의 풍경에서 남은 것은 한 장의 사진이지만 뇌의 기억은 평생토록 감동하게 만든다. 가이드북의 사진으로 여행지를 생각하다가 기대하지 않은 풍경에서 감동하는 느낌은 좋다.

한적한 시골마을에서 안내 이정표가 없어도 따라가다 보면 새로운 매력적인 나만의 관광지를 발견할 때가 많다. 그때마다 여행의 기쁨은 배가되어 행복해진다. 조용하고 바람소리만 있는 바닥에 앉아 오랜 시간 지친 나의 발을 바라보며 행복해한다. 복잡하고 북적이는 도시를 떠나 자연을 바라보며 마음이 더 끌리는 것은 조용한 나를 바라볼 수 있는 풍경이 더 끌리는 마음이다. 인간의 손길이 제한된 공간에서 나오는 풍경이 즐
겁고 바람이 만든 황량한 산들도
반갑다.

스스로의 삶을 결정하지 못하고
사교육을 받으며 결정된 것을 찾
는 삶이 사회에 나가면서 스스로
에게 질문을 던지는 경우가 많아졌다. 하지만 이때 자신이 결정하는 것을 배우
지 못한 이들은 결정하지 못하고 방황한다. 사회의 도구가 되는 교육을 받고 로
봇 같은 엘리트가 되지 말고 나 자신을 위한 교육을 받고 성장해야 한다. 자기
결정권을 가지고 인생을 설계하고 살 수 있어야 삶의 후회가 적고 만족도가 높
다.
지금 당신의 집에서, 당신의 차안에서, 당신의 회사에서 힘들다고 느낀다면 자
신에 대해 생각해보라. 그리고 떠난다면 모로코를 추천한다.

억겁의 신비가 가득한 나라, 모로코

영화 속 세상같은 비현실적인 아름다움이 존재하는 모로코, 억겁의 신비가 가득한 나라, 모로코 여행은 신선하다. 많은 한국인이 남미나 유럽 등 한국에서 멀리 떨어진 이색적인 여행지를 찾아 떠나는 추세인데, 이제 이슬람에 빠져들 수 있는 숨겨진 비경이 가득한 곳이 바로 모로코이다. 잘 알려지지 않은 미지의 땅으로 신비한 자연환경과 소박하면서도 독특한 이슬람문화를 체험할 수 있는 나라이다.

아랍 여행은 우리에게 쉽지 않은 여행이다. 정치적으로 불안한 상황과 내전, 각종 테러와 국제적인 전쟁이 먼저 생각나는 곳이 중동지역이다. 아랍세계와 이슬람교로 대변되는 나라들이지만 모로코는 예외적인 나라이다. 모로코는 포르투갈, 스페인의 식민지 시절로 유럽문화에 개방적이며 프랑스어도 많이 사용되는 국가이다. 또한 대부분의 아랍나라들이 금요일이 휴일이지만 모로코는 일요일이 휴일이다. 이슬람 지역의 여행이지만 개방적인 민족성과 안전한 이슬람 문화를 거부감 없이 접할 수 있는 나라로 계속 여행자가 늘어나고 있다. 이방인에게 더없이 궁금증을 자아내는 사람들이 사는 곳, 역사적으로 다양한 문화가 어우러져 멋진 모자이크를 이루는 모로코는 우리에게 점점 다가오고 있다.

모로코에 들어선 순간 까마득한 시간 여행을 떠난다. 바라볼수록 믿기 어려운 모로코 각 도시만의 아름다움을 보게 된다. 각 도시마다 오래된 메디나를 마주하면 오랜 시간의 흔적을 느낄 수 있다. 아랍인과 베르베르인들이 만든 주거지이자 생활터전, 구불구불하고 화려한 색상의 메디나 생활공간은 모로코의 옛 시절을 떠올리게 한다. 이 도시를 살아가는 모로코 인들은 여행객들의 감탄을 자

아낸다. 천년동안 유지되던 메디나가 다시 전 세계인에게 각광받고 있다. 아름다운 자연뿐 아니라 모로코에서 빼놓을 수 없는 매력은 각 도시마다 있는 올드시티 메디나이다. 전 도시에 역사적으로 오래전에 만들어져 있으며 동서남북이 성벽으로 둘러싸여있어 예로부터 외지인과의 왕래가 구분되었다고 한다. 이런 특징으로 인해 몇 천 년 동안 문화와 전통을 이어올 수 있었다고 한다.

메디나 안에서 머물고 싶어하는 관광객이 모로코 전통양식 집인 리야드에 들어가려고 문에 서 있다가 문을 통과하면 뜻하지 않게 큰 공간에 놀라게 된다. 메디나의 삶을 보면서 아랍인들의 삶을 다시금 생각하게 된다.

모로코 여행을 준비하면서 지도 속에서 아틀라스 산맥을 발견하고 당신은 가슴이 두근거렸을지 모른다. 사하라 사막 못지않게 아틀라스 산맥도 모로코여행의 매력중 하나이다. 영웅 페르세우스가 메두사를 처치한 후 아틀라스 옆을 지나가다 그에게 메두사의 머리를 보여 돌이 되게 만들었다. 이후 아틀라스 산맥이 되었다는 전설이 전해오는 대서양의 영어 이름인 아틀란틱 오션Atlantic Ocean 또한 아틀라스의 이름에서 유래된 것이다. 아틀라스 산맥은 길이가 2,000km에 달하고 가장 높은 봉우리는 4,000km가 넘는다. 따라서 고대 지중해 세계에서 아틀라스 산맥은 신화가 되기에 부족함이 없었을 것이다. 여름에도 봉우리에는 만년설이 쌓여 있어 더욱 신비롭다.

아틀라스 산맥은 북아프리카의 북동–남서 방향으로 뻗어있는데 모로코의 가운데를 대각선으로 가로지른다. 우리가 가로지르는 이 부분은 안티 아틀라스Anti Atlas와 하이 아틀라스High Atlas 사이 부분이며, 그 북쪽으로 미들 아틀라스Middle Atlas 로 이어진다. 아틀라스 산맥의 가파른 산을 올라가는 것은 쉽지 않다. 아틀라스 산맥을 지나가는 길은 관광객마다 느낌이 다르다. 힘들다는 관광객도 있지만 굽

이굽이 지나는 산맥의 아름다움에 취하기도 한다. 아틀라스 산맥을 넘어 사하라 사막에 도달하면 힘든 여행자에게 모로코여행의 맛이 극대화된다.

아틀라스는 아프리카와 북 아프리카를 동서로 가로지르는 곳에 셀 수 없이 많은 봉우리들의 독특하고 장엄한 장관을 이루고 있는 이곳을 넘어가면 사하라 사막이 펼쳐진다. 사하라 사막을 방문하는 여행객들은 소설 어린왕자에서만 생각하던 신비로운 풍경을 경험한다.

낙타를 타고 조금 걸으면 붉은 사막이 기다리고 있다. 세계에서 가장 넓은 사막으로 알려진 사하라 사막, 사방으로 끝없이 이어진 사막의 풍경이 장관이다. 뜨거운 사막을 걸어가는 사람들의 모습이 신기루처럼 보인다. 붉은 사막 속에 있는 모래들이 점점 더 붉어진다.
말로만 듣던 사막에 실제 와서 느끼는 경외감은 자연이 얼마가 거대하고 나를 작아지게 만드는지 알게 해준다. 붉은 모래와 기이한 사막의 풍경들이 탄성을 자아내게 한다. 바람이 만든 사막의 무늬가 마치 물결처럼 보인다. 사막을 찾은 여행자들은 자연이 만든 완벽한 촬영장을 배경으로 영화의 주인공이 되기도 한다. 어디를 봐도 한폭의 그림이다.

어느덧 해가 지고 사막에서 시간을 보내다 보면 한낮의 뜨거움을 식히고 있는 사막의 풍경은 나의 마음을 차분히 가라앉게 만든다. 사막의 일몰풍경을 보고 나서 마시는 한잔의 차가 나를 되돌아보게 한다. 저녁 무렵 사막에서 듣는 베르베르인들의 연주는 묘한 여운을 남긴다. 이곳에서 머무는 여행객들은 현대 문명에서 벗어난 자유로움을 느낀다.
이 광활한 사막의 한가운데서 뜻밖의 즐거움을 찾을 수도 있다. 사막에서의 보드 타기는 색다른 경험이자, 짜릿한 재미이다. 순식간에 언덕 아래까지 내려간다. 보드를 타기에 더없이 좋은 장소지만 올라오기까지는 만만치 않다. 돌아가면 후회할 것이 뻔하기에 타지 않겠다던 관광객들도 모두 한 번씩 타보게 된다. 낯선 여행자들도 사막에 있다는 사실만으로 금방 친해진다.

밤하늘의 쏟아지는 별과 별똥별, 달과 함께 하는 사막의 밤은 황홀하다. 밤하늘의 흩뿌려진 수많은 별들이 내 눈 안에 그대로 들어온다. 지구 안의 외딴 별, 어쩌면 태초의 모습이 이렇지 않았을까 하는 생각을 해본다. 사막에 있는 사람만이 느낄 수 있는 별을 보는 각자의 감정들이 사막에서 대미를 장식한다.
가도 가도 바위만 보이는 메마른 풍경의 끝자락에 있는 아틀라스 산맥과 끝을 넘어서면 보이는 사하라사막에서 가장 기억에 남는 모로코여행의 즐거움이 있다. 황량한 사막과 아틀라스 산맥의 기암괴석들은 지구가 아닌 어느 혹성에 와 있는 듯한 느낌을 준다.

세계 최대의 사하라 사막은 나에게?

여행자들이 모로코를 찾는 이유 중 가장 중요한 이유 중에 하나는 사하라 사막을 보기 위해서이다. 여행자들은 모로코의 메르주가에서 1박 2일이나 2박 3일짜리 투어를 참가한다. 10여 명의 여행자를 모아 함께 낙타에 올라 깊숙한 사막으로 들어간다. 낙타 사파리는 1시간 30분~2시간 정도 걸리는데 사막을 들어갈 때 한 번, 나올 때 한 번 탄다. 낙타가 사구를 하나둘 넘어갈수록 사하라는 제 속살을 유감없이 보여준다.

모래언덕이 끝없이 펼쳐지고, 어느 순간 방향 감각도 사라진다. 낙타 사파리의 하이라이트는 사하라의 노을과 마주하는 순간. 해가 지면 하늘은 황금색에서 짙은

황색으로 변하고 다시 다홍색으로 바뀌는 놀라운 스카이 쇼를 선보인다. 화덕에 구운 베르베르식 피자와 육즙이 듬뿍 밴 양고기가 나오는 사하라의 만찬도 일품. 식사가 끝나면 베르베르인들의 기묘한 연주와 함께 밤늦도록 춤판이 벌어진다.

사막의 은하수

맛있게 먹고 열심히 춤을 추며 행복에 젖어 잠자리를 청한다. 사막의 밤은 춥다. 그래서 가이드는 도착하자마자 장작을 피우고 모래를 섞어서 바닥에 골고루 뿌린 후에, 카펫을 깔고 다시 그 위에 침낭을 덮고 잠을 잔다. 잠을 자기 위해 침낭을 덮고 누우면 하늘은 별천지이다. 다들 자신이 태어나서 볼 수 있는 별은 다 본 것 같다고 말한다. 주위의 정적에 불빛 하나도 보이지 않는다. 이것이 여행자의 감동을 만드는 포인트이다.

눈을 감고 잠을 청하면 작은 동물들의 소리가 들린다. 그 소리에 문득 잠에서 깨어나 눈을 뜨면 은하수가 쏟아질 듯 늘어서 있다. 추워서 잠들지 못하고 덜덜 떨면서 별을 보는 재미에 빠져든다. 한밤중이 되면 은하수와 별똥별이 선사하는 환상적인 밤하늘이 선물처럼 펼쳐진다. 삼각대를 준비하면 멋진 인생 사진을 건질 수 있다.

"사막에서는 그 어떤 것도 실망할 수 없다. 실망은 자신에게만 할 수 있다"

베르베르인들의 속담에는 "사막에서는 그 어떤 것도 실망할 수 없다. 실망은 자신에게만 할 수 있다"는 속담이 있다. 우리가 누리는 편리한 도시의 문명이 얼마나 소중한지 느끼게 된다. 물 쓰듯 쓰는 물은 당연한 것이 아니라는 사실을 알게 된다. 잠자리에서 별을 볼 수 있는 것이 얼마나 특별한 일인지, 아침이면 밤새 지나쳐 간 동물과 곤충의 발자국을 발견하는 것도 또 다른 즐거움이다. 이곳에 오지 않았다면 분명 깨닫지 못했을 사실인 것이다.

세계에서 가장 넓은 사막으로 알려진 사하라 사막. 사방으로 끝없이 이어진 사막의 풍경이 장관이다. 뜨거운 사막을 걸어가는 사람들의 모습이 신기루처럼 보인다. 붉은 사막 속에 있는 모래들이 점점 더 붉어진다. 말로만 듣던 사막에 실제 와서 느끼는 경외감은 자연이 얼마가 거대하고 나를 작아지게 만드는지 알게 해준다. 붉은 모래와 기이한 사막의 풍경들이 탄성을 자아내게 한다. 바람이 만든 사막의 무늬가 마치 물결처럼 보인다. 사막을 찾은 여행자들은 자연이 만든 완벽한 촬영장을 배경으로 영화의 주인공이 되기도 한다. 어디를 봐도 한 폭의 그림이다.

아침이 되어 일어나면 모두 퉁퉁 부은 얼굴을 보여준다. 잠자리가 불편하지만 누구도 불평하지 않는다. 오히려 새로운 에너지로 새로운 일상을 시작할 수 있다. 떠나본 사람만 느낄 수 있는 소중함과 특별함이 사하라 사막투어에는 존재한다.
사막은 아무것도 살지 않는 버려진 땅, 죽음의 땅이라고 배우지만 막상 사막에 오니 다 버리고 내 몸으로만 느끼고 외부와 고립된 공간에서 나는 다시 나를 느끼게 된다. 사막에서는 휴대폰도 안 되고 물도 없다.

나만의 시간을 가진 유일한 시간. 밤하늘에 쏟아질 것 같은 무수히 먼 시간과만 대화를 나눌 수 있다. 자신만을 위한 시간을 가질 수 있는 기회가 나에게는 없었다. 그러니 나를 알 수가 없었다. 아무것도 살지 않는다는 사막에서야 자신을 찾아보는 시간을 가졌다. 사람은 마음먹기에 따라 달라 보인다는 이야기를 들은 적이 있는데 죽음의 공간에서 자신을 찾을 수 있다니 참 아이러니하다.
단 한 번의 경험으로 놀라운 변화를 이끌 수 있다.

생각들이 발전한다. 나에게 이렇게 오랜 시간 물어본 적이 있었던가? 현대의 인간

은 아흔 살을 넘도록 길게 살아야한다. 그런데 자신에 대해 생각하는 시간은 길지 않다. 오히려 더 짧아진 것은 아닐까? 모두 여행을 하지만 여행에 대한 생각은 각자가 다 다르다. 각자가 여행의 끝에서 각자의 길을 찾기를 바란다. 마음의 고민을 내려놓을 수 있는 마음을 열 수 있는 장소가 필요하다.

인생의 감당할 수 없는 고통과 마주하고 있다면 세상에 분노하지 말자. 나는 분노했다. 왜 나는 열심히 살았는데 감당할 수 없는 고통에 닥친 것일까? 인생이 늘 꽃길이기를 바라지도 않는다. 평범하게 살기를 바란다. 그런데 그것은 거짓말이었나 보다.

여행은 어쩌면 지루한 일상일지도 모른다. 지루한 일상이 나에게 깨달음을 줄지도 모르니, 중요한 것은 여행의 끝에 있으니 새로운 일상에 뛰어들 수 있을지도 모른다.

여행에는 과거와의 여행도 있고 미래와의 여행도 있다. 여행은 잃어버린 좌표를 찾아 새롭게 나설 수 있는 다짐을 해보게 해준다.

절망의 끝에 선 나, 끊임없이 질문을 던진다?

다시 한 번 말하지만 한 번의 경험으로도 놀라운 변화를 이끌 수 있다.

❝

My Story

나는 감당할 수 없는 욕심을 가지고 사업을 시작했던 시기가 있었다. 그래서 감당할 수 없는 고통을 얻었을지도 모르겠다. 고통은 욕심을 내려놓고 인생을 바라보게 해주었다. 인간은 사회적 동물인데 나는 나만의 옥심을 위해 살아왔다. 다른 이들은 관심도 없이 고독한 존재로 살았던 것이다.

❝

'함께'가
어색한 대한민국

자존감으로 새로운 자신을 찾는 시간

여행을 하다보면 자신감이 매우 올라가기 때문에 힘들 때를 뚫고 이겨낸 경험은 반드시 공유하는 것이 좋다. 조그만 역경을 이겨낸 순간은 언제인가? 여행 중에 집중, 확신, 용기를 통해서 자신 속에 내재된 장애물을 스스로 극복하며 얻은 자존감은 강렬하게 스스로를 표현하는 자신을 발견할 수 있다.

새로운 삶을 향한 여행

관광과 여행의 차이

요즈음 여행이 유행이 되면서, 많은 사람들이 유럽으로 여행을 온다. 마치 유럽 여행이 스펙이 되는 것처럼 경쟁적으로 여행을 온다. 그러면서, 많은 사람들이 '빈 깡통' 여행을 하는 것 같다는 생각을 하게 되었다. 처음에는 누구나 동일하다.

여행을 하면서 많은 한국인들을 만났다. 만나면 이야기하면서 각자의 여행 보따리를 풀었다. 그런데 많은 사람들이 '맛집'이야기, '관광명소'에 대한 리뷰, '쇼핑목록'얘기 등등 그런 것들이 다였다. 여행을 하면서 만나는 애피소드나 '사람'이야기를 하고 싶었고 그들과도 새로운 추억을 만들고 싶었다. 그런데 아니었다. 그냥 저녁 한 끼 먹는, 정보 공유하는 그 이상, 그 이하의 이야기는 소통이 되지 않았다.

심지어 테마 여행이 유행이라고, 아직 시작도 하지 않은 시간에 의미를 부여했다. '나는 무슨 테마로 여행하는 게 좋을까?'라고 질문을 한 적이 있기는 했다. 그러나 여행을 하면서 결국에는 그 질문에 답을 못하고 '절약여행'이라고 위로했던 기억이 난다.

또 하나의 가상공간, 새로운 삶을 향한 여행

"여행은 숨을 멎게 하는 모험이자 삶에 대한 심오한 성찰이다"

휘게Hygge 여행은 여행지에서 마음을 담아낸 여행체험을 여행자에게 선사한다. 휘게 여행은 가기는 힘들어도 일단 출발하면 간단하고 명쾌하다. 북유럽의 노르웨이에 가면 생생하고 새로운 충전을 받아 힐링이 된다. 노르웨이 여행을 하면서 다시 찾았을 때, 변하지 않는 아름다움에 매료되게 되었다.

무한경쟁에 내몰린 우리는 마음을 자연스럽게 닫았을지 모른다. 그래서 천천히 걷는 여행에서는 경쟁이 없어서 더 열린 마음이 될지도 모른다. 삶에서 가장 중요한 것은 좋은 것이다. 뜻하지 않게 사람들에게 받는 사랑과 도움이 자연스럽게 마

음을 열게 만든다. 성실하게 하루하루가 모여 나의 마음도 단단해지는 곳이라고 생각한다. 인공지능시대에 길가에 인간의 소망을 담아 돌을 올리는 것은 인간미를 느끼게 한다. 계속 걷기만 하니 가장 고생하는 것은 몸의 가장 밑에 있는 발이다. 걷고 자고 먹고 이처럼 규칙적인 생활을 했던 곳이 언제였던가? 규칙적인 생활에도 용기가 필요했나 보다.

여행 위에서는 매일 용기가 필요하다. 용기가 하루하루 쌓여 내가 강해지는 곳이 느껴진다. 고독이 쌓여 나를 위한 생각이 많아지고 자신을 비춰볼 수 있다. 현대의 인간의 삶은 사막 같은 삶이 아닐까? 이때 나는 끝이 없는 굴곡의 피오르드와 사하라 사막을 생각했다. 양 극단의 자연의 작품은 인간에게 힘든 삶을 제공하는 대상일 뿐이었다. 그 지역이 인간을 치유하고 있다. 왜? 아무 것도 없는 빙하가 만든 피오르드 곡선과 끝없이 모래가 펼쳐진 사막에서 여행자가 마음의 평화를 가지게 될까?

프라이드 구세주

호텔에 가기위해 택시를 잡아야 했다. 도로로 나오니 차들은 차선에 상관없이 무질서하지만 질서있게 다니고 있었다. 횡단보도에 상관없이 사람들은 도로를 무단횡단 했다. 도로를 건너기 힘들었다. 차가 가까이 오는데 일단 도로로 들어가서 차를 바라봐야 한다. 차가 서는 것은 확인해야 하니까, 그리고 나서 다음 차선으로 걸어가서 다시 자리를 먼저 잡고 차를 또 바라본다. 이런 단계를 아주 빠르고 신속하게 해내야 한다.

도로를 건너간 순간 누가 내 손을 잡았다. 택시를 타라는 이야기였다. 도로를 건너겠다는 생각만 하고 있어 손을 뿌리치고 인도로 올라섰다. 그 택시 기사는 다시 나에게 다가와 12만 리얄Rial을 이야기했다. 다른 말은 못 알아들었고 호텔에서 올 때 15만 리얄이어서 싸다는 생각에 멈추고 "맞냐?"고 다시 물었다. 그랬더니 맞다고 했다. 너무 뜨거운 햇빛에 빨리 가고 싶어 했다. 그 택시를 따라갔다. 택시는 정말 작은 차였다.(그 차는 90년대 차인 프라이드였다) 차에는 사이파 SAIPA라고 차 이름이 써 있었다.(이란에서는 프라이드가 사이파SAIPA와 사바SABA 라는 이름으로 불린다) 나는 그 작은 차에 다시 탔다. 택시 기사는 내 상태를 아는지 모르는지 운전을 하면서 쉴 새 없이 한국 자동차 칭찬을 하였다. 다행히 빨리 호텔에 도착했다.

택시가 저렴하니 내일도 예약해야 겠다고 생각했다. 내일은 이스파 한으로 가기로 하여 아침에 택시

를 부르니 지금 내일 택시를 예약하면 편할 거 같았
다.

프라이드
2000년 단종된 소형차의 대명사로 통하
던 기아자동차 프라이드. 그 후 한국에서
는 점점 보기 드문 차가 되었지만 이란 현
지 자동차회사인 사이파(SAIPA)에 프라이
드 생산기술을 전수했다. '사이파(SAIPA)'
가 자체 생산하는 자동차 브랜드가 바로
'사바(SABA)'인데, 이란의 국민차라고 할
정도로 잘 팔리는 모델로 자리 잡았다.

어제 예약한 택시 기사가 11시에 왔다. 역시나 차는
똑같았다. 차가 작은 건지, 내가 큰 건 아닐 것이다.
왜냐하면 나는 어제 저녁도 안 먹어서 날씬이일 테니까! 계속 타는 같은 차인데
도 에어컨이 안 나오는 작은 차는 적응이 안 되었다. 버스터미널에 도착해서 땅
을 밟는데 전기에 감전된 것처럼 찌릿찌릿했다.

버스터미널에 가는 길에 택시 기사와 대화를 나누기 시작했다. 대한민국의 LG,
삼성 스마트폰과 현대, 기아의 자동차들을 이야기하면서 매우 좋다고 하면서 시
작된 대화는 이란에 대한 우리의 질문에 답하면서 계속되었다. 택시 기사는 영
어에 부담이 되었는지 어떤 여성과 스카이프로 영상통화를 시켜주었다. 기사는
간단한 영어만 하고 여성은 영어를 아주 잘하여 나의 이야기를 택시 기사에게

전달해 주었는데, 스카이프 영상통화의 여성은 통역사였다.

택시 기사가 미국여성과 결혼해 해외에 관심이 많아 택시 기사를 한다고 생각하였다. 그때 갑자기, 테헤란에 돌아오는 날, 저녁식사로 초대해 주었다. 뜬금없는 질문에 나는 당황하고 있는데 스카이프의 여성은 아무렇지도 않게 다시 오면 페르시아 전통음식을 만들어준다고 나를 초대했다. 그 후로도 폰 속의 여성은 여러 말을 계속 또 하고 또 하고 또 하였다. 기사를 무서워하지 말라고 택시 기사는 절대 속이지 않는 착한 사람이라고 이야기를 하였다. 이 여성이 부인이어서 나를 직접 만나면 또 얼마나 많은 얘기를 할까 얼굴에 미소가 띄워졌다. 전화를 끊고 나서 나는 그의 이름을 알았다. 그의 이름은 가마리 샤흐랴ㄹGhamari Shahryar 이후 나는 그의 도움을 받으며 이란 여행을 했다. 또한 다시 이란에 가게 되는 계기가 되었다.

버스 터미널에 도학한 후 가마리Ghamari는 자신이 이스파한으로 가는 버스를 예약해주겠다고 하였다. 처음 보는 그의 웃는 모습이 너무 선하여 나는 경계심이 없어져 버렸다. 이란에는 일반 버스와 편안한 VIP버스가 있다는 것을 알려주면서 이스파한 행 버스를 예약해 주고 화장실을 안 가겠냐고 다시 물어봐 주었다. 그리고 나서 다시 배가 고프지 않냐? 고 물었다. 배가 고프다고 했더니 갑자기 밑으로 내려가 없어졌다. 조금 후에 다시 와서 내 여행 가방을 들고 자신을 따라오라고 했다. 밑의 층에는 버스 타는 승강장으로 나의 가방을 다른 이에게 맡기고 또 따라오라고 하더니 다시 택시를 타란다.

택시를 타고 내린 곳은 케밥 전문점이었다. 이란 전통 케밥으로 유명한 맛집이라며 치킨 케밥을 시켜주었다. 그러더니 자신이 사주겠다고 먹으라고 했다. 난을 찢어 치킨을 감싸서 먹었는데 맛은 없었다. 향신료가 강한 이란음식은 처음에는 거북했지만 너무 선하게 쳐다보아서 맛있게 먹기 시작했다. 먹다보니 이란음식이 조금씩 입에 붙기 시작해 다 비우고 앉아 있었다. 내가 이제 "이란 음식에도 적응을 하는구나!"라는 생각이 들었다.

버스 시간이 다가온다면서 가자고 했다. 생각해보니 나는 시간도 모르고 있었다. 경계심을 완전히 풀고 있도록 도와준 그에게 너무 고마웠다. 나에게 이란의 정(情)을 처음 맛보게 해준 택시 기사, 가마리Ghamari 햇빛에 피부가 익을 거 같은 이란이지만 이란은 점점 내 가슴에 들어왔다. 그는 나에게 핸드폰 번호를 알려주고 돌아오는 날 전화를 미리 해달라고 부탁하고 떠났다.

황송한 환대

"호텔을 예약하고 일단 기다리는 게 좋지 않을까?"
"그래, 여기에서 누가 나타나겠어. 안 오는 게 더 당연한 거지"
그렇게 생각하고 있는 데 10여분 정도 기다리니까 왔다! 갑자기 우리는 밝은 표정으로 서로를 보며 놀라워했고 마치 친척을 만난 듯 재회했다.

생각해보면 우리도 이상하게 생각하지 않고 따라간 것은 우리나라에서는 있을 수 없는 상황일 것이다. 나는 가마리Ghamari가 나를 데리러 온 것이 지금도 이상하다. 우리나라가 정(精)이 많다고 이야기하는데 이란 사람들이 더 정(精)이 많은 나라 같다. 예전에 내 기억 속에 대한민국도 정으로 똘똘 뭉친 나라였던 기억에 생생한데, 그때의 우리나라같이 정(精)이 넘치는 나라 같다.

가는 길에 가게에 들러 저녁메뉴에 쓸 과
일과 요리재료를 사고, 집으로 이동했다.
집에 들어가니 벌써 나를 기다리고 있는
가마리Ghamari의 부인과 어머님이 계셨다.
나는 순간 깜짝 놀랐다. 지금까지 택시에
서 영상통화를 했던 여성이 부인인줄 알

았는데, 집에는 영상통화를 하던 여성과 다른 여성이 있었던 것이다. 영상통화를
하던 여성과는 다르게 말도 없고, 생김새도 달랐다. 나는 영상통화의 여성이 누구
냐고 물어보았다. 그때 그 여성은 미국인 친구였다며, 영어로 대화가 어려울 때에
통화를 해주는 역할을 한다고 알려주었다. 웃으면서 부인에게 이야기를 했더니
부인도 활짝 웃으면서 그럴 수 있을 거 같다고 맞장구를 쳐주었다.

가마리Ghamari는 집이 작다고 했는데 거실이 넓어 편안한 느낌이었다. 이란이 경제
사정이 좋지 않아서 집도 작고 나쁠 것이라는 생각에 지레 짐작을 했던 것이다. 그
이후로 10시간동안 서로 대화로 나누면서 이란에 대한 잘못된 생각도 고치면서 지
금까지의 이란 여행을 되짚어 보았다. 우리의 생활이 남을 평가하고 아니라면 서
로 섞이지 않으려고 하는 생각이 나도 모르게 스며들어 있는 것은 아닌지 반성하
는 계기가 되었다.

과일로 피로를 풀고 소파에 앉아 와이프와 그의 어머니, 아버지와 대화를 나누었
다. 이란에서 찍은 우리 사진도 같이 보고, 이란 뮤직비디오도 보고 이란의 팔레비
왕조 때의 영상도 보면서 이란을 더 알 수 있는 즐거운 시간을 보냈다. 대가족일
때의 대한민국처럼 이것저것 대화를 나누면서 나는 이란에서 정감을 느꼈다.
계속된 대화로 배가 고플 쯤에 토마토, 오이, 계란 등을 넣고 만든 소스에 빵을 찍
어먹는 음식을 내왔다. 그는 나에게 저녁 식사가 아니라고 했다. 진짜 저녁식사는

10시에 따로 있다고 하였다. 알고보니 이란이 너무 덥고 덜 더운 저녁에 활동을 다시 시작하기 때문에 저녁식사는 9시에나 먹는다는 사실도 알게 되었다. 요리를 먹고 나니 배가 불러 소파에 앉아 있는데, 바자르^{Bazzar}에 가자고 한다. 나는 '바자르'라고 해서 전통시장을 상상하고 나갔는데, 대형마트였다. 새로 생긴 대형마트는 우리나와 똑같은 이마트 같았는데, 영화관, 게임장도 있고 예쁜 옷을 파는 옷가게, 문구점, 서점, 인형가게 등등 없는 오히려 대형 쇼핑몰 같은 분위기였다. 이란에 이렇게 큰 쇼핑몰이 있는지 상상도 못했다. 우리나라와 다른 것이 없는 마트였다.

집으로 돌아와서 아줌마는 미리 식사를 준비해 놓으셨고, 아저씨가 이야기하자 식사준비를 바로 시작하셨다. 밤 10시쯤 저녁을 먹기 시작했다. 이란의 식사풍경은 우리와 달랐다. 우선 식탁이 따로 있는 것이 아니라 카페트 위에 식탁보를 깔았다. 식탁보는 다양한 크기가 미리 준비되어 있었다. 큰 식탁보를 카페트 위에 놓고 난과 난에 찍어 먹을 수 있는 다양한 반찬들이 놓이고 밥도 준비된다. 다 같이 모여 이야기를 하면서 바닥에 앉아 먹으면서 이야기를 한다. 대부분의 식사시간은 30분 넘도록 먹을 수밖에 없었다. 물론 양이 작다면 빨리 먹을 수 있을 것이다.

춘장 같은 까만 소스를 내오셨는데 맛이 시큼했다. 카레치킨, 오이, 수박, 피클도 있었다. 밥에 까만 소스를 비벼 먹는 건데 사실 우리 입맛에는 맞지 않았다. 그래서 한국에서 가져온 햇반과 밥 위에 올려 비벼먹는 가루와 고추장을 소개하면서 같이 밥에 뿌려서 먹었더니 모든 맛은 달라졌다. 다행히 아저씨네 가족들도 맛있어 하셨다. 아저씨는 주몽에서 보았다며 젓가락에 대해 물으셔서 우리는 가지고 있던 나무 젓가락으로 젓가락질을 알려드리면서 음식 재료들을 난에 올려 먹는 시범을 보여드렸더니 아저씨는 바로 행동에 옮기셨다. 서양인들은 젓가락질을 잘 못한다더니 아저씨는 너무 쉽게 젓가락질을 했다. 콩 한 알도 쉽게 젓가락으로 잡는 것을 보고 다들 놀라워했다. 하지만 역시 다른 분들은 젓가락질을 쉽게 하지는 못하셨다. 아저씨가 특이한 것으로 결국 판명이 났다.

마지막 날, 지금껏 매일같이 한국으로 돌아가고 싶었던 내가 너무 아쉬웠다. 짐도 다시 싸고, 씻고, 과일도 먹다가 새벽 2시에 공항으로 출발했다. 피곤하시고 귀찮으셨을 텐데 새벽까지 아무도 안 주무시고 우리를 웃는 모습으로 대해주셔서 너무 감사했다. 공항에서 그와 헤어질 때도 몇 번을 다시 와서 문제가 있는지 확인하고 인사해주었다. 그렇게 떠나고 싶던 이란인데 막상 가려니까 괜히 주위를 한 번 더 보게 되었다. 나는 이란에서 매일 새로운 일들과 새로운 이란인들의 삶과 문화를 배웠다.

겨울이 이렇게 따뜻한 계절이 될 수 있는지
아이슬란드에서 알았다.

겨울의 아이슬란드는 10시에 해가 떠서 3시면 해가 진다. 5시간만 해가 뜨는 극도의 어둠이 존재하는 곳이다. 언제부터인가 나는 추운 겨울이 너무 싫었다. 또한 한해가 가면서 나이를 먹으면 먹을수록 쓸쓸한 기분에 겨울은 빨리 지나가버렸으면 좋은 계절이었다. 여행도 되도록 추운 겨울은 피하고 따뜻한 봄부터 여행을 떠났다.

그렇게 겨울은 나에게 기피하는 계절이었다. 하지만 사업에 실패하고, 많은 일들이 생겨나면서 점점 사회에서 멀어지고 사람들에게서 멀어지고 있는 나를 발견하면서 세상은 싫어지는 곳이 되었다. 그런데 추운 겨울에는 사람들이 밖으로 나오지 않은 계절에 나는 점점 나오게 되었다.

반대의 생각을 하고 행동도 반대로 하는 경우가 발생했다. 아이슬란드는 백야가 생기고 날씨가 따뜻해지는 6~8월 사이에 가장 많이 여행을 온다. 여행을 온 사람들이 극도로 적어지는 겨울에 나는 아이슬란드 여행을 떠났다. 그리고 여행자는 없는 아이슬란드에서 자연과 호흡할 수 있는 여행을 다녀온 후 자꾸 생각나다시 오게 되었다.

아이슬란드 겨울 여행은 그나마 아이슬란드 남부의 요쿨살론까지만 다녀온다. 바람이 많이 불고 눈이 많이 오는 아이슬란드 여행에서 도로가 정비되고 다녀오기 좋은 구간이 아이슬란드 남부에서 동부로 넘어가는 중간지점인 요쿨살론 까지 여행을 왔다가 다시 수도인 레이캬비크로 돌아가는 것이다. 나는 동부로 넘어간다. 동부로 넘어가는 도로부터 극도로 차량의 양이 줄어들고 나는 점점 고립되는 상황이 발생한다.

렌트한 차를 운전하고 눈 덮인 도로를 천천히 가고 있으면 지나가는 차는 거의 볼 수 없고 나의 차를 둘러싼 바람과 차가운 공기만이 내 주위에 있다. 그렇게 고립되는 상황에서 나는 더 편안해짐을 느꼈다. 내가 대화를 할 대상은 바람과 공기 눈뿐이다.

1시간이 넘는 동안 도로에는 1대의 차도 지나지 않았다. 나는 도로에 차를 세우고 차에서 내려, 높이 솟아있는 전주를 바라보았다. 눈이 오면서 세찬 바람에 눈이 뺨을 때리고 홀로 고립되어 서 있는 전주가 외로워보였다.

갑자기 눈물이 핑 돌았다. 그런데 눈물은 흐르지 않았다. 세찬 바람에 눈물이 떨어지기도 전에 공기 중으로 날아갔다. 지금까지의 인생에서 지친 나를 맞이하는 전주와 바람이 슬퍼하지 말라는 것처럼 눈물은 흐르되 흐르지 않았다. 한참을 멀리 서 있는 이들을 바라보았다. 평생을 홀로 서있는 나를 보라면서 울지 말고 지나가라는 것처럼 들렸다.

갑자기 숨을 내쉬었다. 나를 기대할 수 없을 때 수많은 간절한 마음만이 나를 감싸고 더욱 나는 고립되는 순간이 나에게는 더욱 고통스러웠다. 눈을 감고 '후~~~'하고 내쉬니 차가운 바람이 나에게 인사를 한다. 나를 사랑하고 싶지 않은 마음, 부질없는 생각들, 바람은 나에게 지친 하루가 아닌 깨끗한 마음을 들숨으로 돌려주었다. 갑자기 깨끗한 공기가 몸으로 들어오니 정신이 맑아진다. 정신이 뚜렸해졌다.

그 순간 멀리서 해가 떠오르기 시작했다. 시계를 보니 10시 13분, 어두운 이 공간
이 밝은 해로 가득 찼다. 시간만 흐르는 세상에 살다가 하늘만 보고 생각 없이
지내고 싶었는데, 생각 없이 지낼 수 있는 공간에서 나는 생각을 하게 되었다.

그리워, 세상이 나는 그립다.

눈을 감아도 자꾸 생각나는 세상에 화가 난다. 나는 스스로 고립되어 살았던 것
이다. 그것이 세상에서 할 수 있는 일이라고 생각했는데 나는 뭔지 모를 답답함
이 '뻥' 뚫린 가슴에서 다시 허기를 느꼈다.

무엇을 보고 무엇을 들어야 하는 건축물이 있는 것도 아니고 사람들이 있는 것도 아니다. 나는 오랜 시간을 자연하고만 대화를 했다. 바람과 공기, 전신주, 해, 어둠과 대화를 하다가 보면 한밤중에 신은 나에게 선물을 주었다. 온 하늘을 수놓은 오로라.

겨울이 이렇게 따뜻한 계절이 될 수 있는지 아이슬란드에서 알았다. 하얗고 검은 화산재로 덮인 빙하, 눈은 오는데 나는 천천히 차를 운전한다. 차라리 걸어가는 것이 더 빠를 것 같은 순간이 지나면 온 세상이 눈으로 덮여 360도 나를 둘러싼 모든 공간이 하얀 색이다. 카메라를 꺼내 찍어보려고 해도 "지이~~~익" 초점을 맞추지 못한다.

나는 나를 둘러싼 자연과만 대화를 할 수 있다. 인간이 만든 기계는 움직이지 못하는 세상, 그런데 그 세상이 더 따뜻하다. 정신을 또렷하게 만들어주면서 차갑지만 차갑지 않은 정신을 만드는 대단한 능력이 나를 깨웠다.

차가워도 정신은 따뜻해지는 곳,
아이슬란드에서 나는 겨울이 따
뜻한 계절이 될 수 있는지 처음
알았다. 자연 앞에서 나는 더없이
초라한 나였다. 강하다고 해도 자
연 앞에서 강해질 수 없고 오랜
시간을 살아온 자연 앞에서 나의
슬픔은 다 초월해져 위로해 줄 수 있는 존재가 자연이고 이 자연이 살아가는 곳,
아이슬란드는 가끔 신의 선물이 필요한 사람에게 선물을 준다. 선물을 못 받았
다고 슬퍼할 필요는 없다. 내가 잠든 사이에 내가 보지 못했을 뿐이지 나에게 선
물은 도착했을 것이다.

당신의 퇴직여행 경험을 적으세요

디지털 노마드로
인생 경험을 시작하라!

탐험으로 시작된 여행의 역사

당신은 관광지를 찾기 위해 구글 맵을 사용하십니까?

2000년대 초반만 해도 여행을 떠나면 간단하게 여행지의 길을 표시한 약도나 자세한 지도를 사용했을 것이다. 지도는 비록 작은 공간이지만 그 안에 아주 많은 정보를 담고 있다. 작은 지도가 바로 탐험을 가능하게 한 가장 기초적인 자료였다. 물론 지도 외에도 나침반이나 교통수단, 항해술 등의 기술적인 발달도 있어야 했다. 예부터 사람들은 다른 지역과 연결된 가까운 길을 찾거나 상품을 더 많이 팔거나 하는 등의 여러 가지 이유로 탐험을 계속해 왔다. 탐험으로 인해 인간의 발이 닿지 않은 미지의 땅은 사라져 갔지만 탐험가가 보여 준 신념과 의지는 또 다른 새로움에 도전할 수 있는 용기를 주었다.

지도의 역사

기원전 2500년 경
현존하는 세계 지도 중 가장 오래된 바빌로니아 세계 지도가 만들어졌다.

기원전 2천 년 경
중국 한나라 때에 축척을 사용한 지도가 제작되었다.

1,000년 경
중국에서 나침반을 사용한 항해를 시작했다.

1154년 경
아랍의 지리학자 이드리시가 세계 지도(신라 표시)를 완성하였다.

1402년
조선에서 세계 지도인 "혼일강리역대국도지도"를 만들었다.

1569년
메르카토르가 세계 지도를 제작하였다.

1602년
마테오 리치가 중국에서 세계 지도인 "곤여만국전도"를 제작하였다.

지도의 역사

현존하는 가장 오래된 세계 지도는 바빌로니아의 세계 지도이다. 이것은 기원전 2500년경에 제작된 것으로 점토판에 그려져 있다. 점토판에는 큰 원이 하나 그려져 있고, 그 가운데로 선이 2개 그려져 있는데 원은 지구를 나타내고, 2개의 선은 각각 티그리스 강과 유프라테스 강을 나타냈다. 그리고 그 원의 주변에는 '세계의 바다'라고 불리는 바다가 있었다.

그리스의 프톨레마이오스는 오늘날 우리가 쓰고 있는 '지리학'이라는 용어를 만들고, 지도의 방위를 가장 먼저 정한 사람이다. 그는 지도에 위도와 경도를 그려 넣어서 지구를 바둑판처럼 구분해 놓았다. 위도와 경도를 이용해서 지역에 대한 정보를 과학적으로 표현하고 지역의 정확한 위치를 찾을 수 있게 되었다.

크리스트교가 들어오면서 지도가 주로 도표 형식으로 제작되었다. 대부분의 지도는 TO모형에 따라 그려졌다. 지구는 알파벳의 'O'처럼 둥근 모양이며, 알파벳의 'T' 모양을 이루며 흐르는 지중해, 나일 강, 다뉴브 강에 의해 크게 3 지역으로 나뉜다는 것이었다. 세계의 중앙에는 당연히 크리스트교의 성지인 예루살렘이 있고, 아시아는 지도 위쪽에, 유럽은 왼쪽, 아프리카는 오른쪽에 그려져 있었다. 유럽인들은 오랜 세월 동안 이러한 생각의 틀에서 벗어나지 못했다.

15세기 콜럼버스의 신대륙 발견은 탐험의 전기를 마련했다. 탐험을 하면 많은 돈을 벌 수 있고 탐험을 하려면 지도가 필요했다. 새로운 수요가 만들어지면서 많은 유럽인들이 탐험과 관련한 지식을 습득하기 시작했다.

15세기 이후부터 새로운 항로 개척에 나서면서 점점 정확한 지도가 필요해지게 되어 세계 지도에 대한 관심이 커졌을 때 네덜란드의 지도 제작자인 메르카토르가 과학적 지도 제작술을 사용해 1569년에 세계 지도를 만들었다. 이 지도의 단점은 적도에서 먼 지역일수록 위도 간의 간격이 점점 넓어져서 적도 부근은 상당히 정확했지만 적도에서 먼 지역은 축적이나 면적이 크게 늘어나 고위도 지방은 과장되어 나타났다는 것이다. 메르카토르가 만든 세계

지도는 완벽한 세계 지도의 모습을 갖춘 것은 아니지만 유럽에서 새로운 지도 제작방법의 시대를 열게 만들었다.

18~19세기에 이르러 탐험을 통해 새로운 정보들을 바탕으로 더욱 자세하고 실제와 가까운 지도들이 등장하기 시작하였다. 특히 18세기 후반 제임스 쿡의 탐험으로 남반구의 대부분이 바다라는 것이 밝혀지면서 세계의 육지와 바다의 모습을 갖춘 근대적인 세계 지도가 만들어졌다.

나침반의 발명

나침반은 지구의 자기를 이용해서 방향을 알려 주는 기구이다. 동서남북이 표시된 작은 판 위에다 자성을 띤 바늘을 놓고 남북을 가리키는 방향을 보면 사람들은 어느 방향으로 나아가야 할지 쉽게 알 수 있었다. 세계에서 최초로 나침반을 항해에 이용한 사람은 중국인들이다. 11세기 경 중국에서는 자성을 띤 바늘, 자침을 가벼운 갈대나 나무 등에 붙여서 물에 띄워 집의 방향을 보는 데 사용했다고 한다. 방향을 더욱 상세히 알기 위해 24방위로 분할하여 사용하기도 했다. 실제로 400년 뒤 중국은 정화의 지휘 아래 대 항해를 할 정도로 나침반과 항해술이 발달해 있었다. 이렇게 발달한 기술은 아라비아 선원들에 의해 유럽에 전달되었고 이를 계기로 전 세계로 보급되었다.

중국은 한나라 때 이미 축적에 맞춰 지도를 그렸다고 한다. 유럽보다 먼저 나침반을 사용했고 지도를 인쇄해서 사용했다. 1100년대 중세 지리학의 대표적인 '이드리시'는 유럽과 소아시아를 여행하고 다른 여행자들의 정보까지 모아서 신라를 5개의 섬으로 묘사한 세계 지도와 지구본을 만들기도 했다. 최초의 여행가라고 일컬어지는 이븐 바투타도 이슬람의 지도와 여행에 관한 책 때문에 여행을 할 수 있었다고 전해진다.

우리나라는 지금까지 전해지고 있는 최초의 세계 지도는 1402년, 조선 시대에 만들어진 '혼일강리역대국도지도'라고 알려져 있다. 중국 중심의 세계관을 가지고 있어서 중국이 가운데에 가장 크게 그려져 있었기 때문에 유럽, 아프리카, 아라비아 등이 그려져 있지만 중국과 조선을 제외하고는 정확히 표시된 지역이 별로 없었다. 이후 청나라 선교사로 왔던 마테오 리치의 곤여만국전도가 전해지면서 서양식 세계 지도를 만나게 되었다.

교통수단의 발달

여행을 위해 사람들이 다른 지역으로 이동하기 위해서 필요한 것이 바로 교통수단이다. 탐험도 교통수단의 발달이 필수적이었다. 인간이 존재하기 시작한 순간부터 교통문제를 해결하기 위해 노력한 것은 탐험과 여행을 위해서일 수도 있을 것이다.

역사가 시작된 이대 인류는 수레, 배, 기차, 비행기 등 다양한 교통수단을 만들어 사용하기 시작하였다. 처음에 사람들은 자신의 몸을 교통수단으로 이용하였다. 두 발로 걸어서 먼 거리를 이동하거나 두 팔을 이용해 물건을 옮기기도 했다. 그러나 사람이 몸을 이용해 물건을 나르거나 두 발로 이동하는 것에는 한계가 있었다. 그래서 사람들은 점점 다른 교통수단의 필요성을 느끼게 되어, 크고 무거운 물건을 나르는 데 유용한 교통수단으로 수레와 함께 당나귀, 소, 말, 낙타 등 기축을 이용하기 시작했다.

그런데 하천이나 호수를 건너기 위해서는 배가 필요하였다. 옛날에는 사람들이 노를 저어 그 힘으로 움직이는 배를 탔다. 주로 노예나 죄수에게 노를 젓게 하여 사람의 힘만으로 배를 움직이게 하는 데에는 한계가 있었다. 그래서 커다란 돛을 달아 바람의 힘으로 움직이는 범선으로 개량하였다.

특히 대형 범선에 의한 해상 교통의 발전은 콜럼버스의 신대륙 발견과 바스쿠 다가마의 인도 항로 발견과 같은 신항로 개척에서 큰 역할을 담당하게 되었다. 이후 범선은 유럽 각국의 상업과 무역이 발전하는 데 없어서는 안 되는 큰 역할을 담당하였다. 오늘날의 배는 대부분 석유를 사용하고 있다.

산업혁명이 시작되면서 육상의 교통은 철도를 중심으로 발달하기 시작하였다. 철도가 본격적으로 사용되기 시작한 것은 영국의 리버풀과 맨체스터 구간이 개통되면서부터이다. 특히 대륙 횡단 철도를 놓으면서 경제가 빠르게 성장하는 미국을 보고, 철도가 전 세계로 급속하게 퍼져 나가게 되었다.

항공은 더운 공기를 이용하는 열기구, 라이트 형제가 만든 날개가 두 쌍인 플라이어 호, 항공 앞에 회전 날개를 단 프로펠러기, 제트 엔진을 이용해서 나는 제트 여객기의 순서로 발달해 왔다. 그 후로도 발전에 발전을 거듭한 결과 지금은 우주를 향해 나아가는 민간 우주선까지 등장하였다.

대항해 시대

유럽인들이 아무리 향신료를 갖고 싶어도, 종교를 전파하고 싶어도 항해술이 발달하지 못했다면 신항로 개척, 아메리카 대륙의 발견은 불가능하였을 것이다. 유럽에서는 지리학과 천문학을 바탕으로 한 항해술이 발달해 있었기 때문에 새로운 지역으로의 항해가 가능했다.

포르투갈

신항로 개척 시대를 열고 대규모의 탐험을 처음으로 시도한 나라가 포르투갈이다. 포르투갈이 속한 이베리아 반도는 이슬람 세력의 지배를 받아 지리 지식이 발달한 이슬람 문화를 접할 수 있었던 것이 크게 작용했다. 당시 포르투갈의 왕자였던 엔리케는 아시아와의 무역으로 돈을 벌기 위해서 시작한 항로 개척은 후에 세계 최초로 지리 연구소 설립까지 이어졌다. 엔리케 왕자는 천문 관측소를 세우고, 지도와 지리적인 기록물을 수집했다. 지라학자. 지도학자, 수학자, 천문학자, 언어학자들을 불러 모아 아프리카 해안을 따라 항해하여 아시아에 도착할 수 있는 가능성과 방법에 대해 연구하도록 하였다.

나침반, 고도계, 지도

대항해를 위해 꼭 필요한 것이 나침반과 고도계, 해양지도였다. 해도는 바다에 관련된 다양한 정보와 뱃길을 표시한 지도이다. 포르투갈 인들은 나침반의 이용법을 상인들로부터 배우고 청동으로 만들어진 고도계를 이용하여 바다 위에서도 별의 고도를 정확하게 측정할 수 있게 되었다. 계절에 따라 다양한 별들의 고도를 나타낸 표도 이용하게 되었다. 이처럼 포르투갈에서는 항해술과 항해 천문학의 발달이 활발하게 이루어지게 되었고 이를 바탕으로 원거리 항해를 하기 시작했다.

이후에 등장한 메르카토르 세계 지도를 이용하여 지도에서 두 지점을 직선으로 연결하면 항해사들이 지도상에 나타난 직선을 따라 그대로 항해할 수 있었다. 메르카토르 지도는 저, 중위도 지역을 항해할 때에 필수적인 것으로 인정되었다. 오늘날에도 이 목적을 위한 지도로 가장 유용하게 사용하고 있다.

선박의 발달

항해로 개척에 있어서 빼놓을 수 없는 것 중의 하나가 선박의 발달이다. 엔리케 왕자는 바람에 맞서 앞으로 나아갈 수 있는 이슬람의 삼각 범선에 주목했는데, 이것은 이전에 있었던 카라벨 범선을 개량한 것이다.

탐험에 이용된 배는 전체 길이 18~30m, 무게 약 50톤에 두세개의 큰 삼각돛을 갖춘 얕은 배로, 갑판은 밀폐되어 완전 방수가 되었다. 배에는 25명 정도가 탈 수 있었다. 이 배는 돛에 바람을 받아 앞으로 나아가는 능력이 좋아 아프리카 연안을 탐험하기에 매우 좋았고 육지로 끌어올려 수리하기도 간단하였다.

무역으로 부를 축적하기 위해 시작된 탐험

고대 페니키아 인들은 배를 타고 지중해를 비롯해 아프리카 해안까지 진출하였다. 그들은 훌륭한 무역가였고, 새로운 지역의 탐험가였고, 알파벳을 인류에게 남겨준 민족이었다. 고대의 탐험은 주로 무역이라는 경제적인 이유에서 시작되었다. 그러나 당시에는 가까운 지역을 왕래하는 경우가 대부분이었다. 그런데 마케도니아의 왕이었던 알렉산더 대왕에 의해 그 범위가 넓어지게 되었다. 알렉산더 대왕은 영토를 넓히기 위해 동방으로 원정을 떠났고 그 결과 대제국을 만들었다. 오래엔트 문화와 그리스 문화가 결합된 독특한 헬레니즘 문화도 새로운 지역에 대한 그의 도전이 없었다면 볼 수 없었을 것이다.

지중해를 넘어

고대 지중해를 세계 최초로 여행한 기록은 이집트 여왕 하트셉수트가 푼트로 함선을 파견한 기원전 1500년경으로 거슬러 올라간다. "병사들은 동쪽을 향해서 출발했고 두 곳의 푼트에 성공적으로 도착했다. 자신의 위대함에 버금가는 .... 진기한 물건들을 가져오라는 신중의 신 아문의 명령에 따라 .... 여왕 마카레는 아버지 아문 왕을 위해 이 대업을 수행했다."

테베 시 부근의 알바하리 신전에 새겨진 이 상형문자는 '하트셉수트'라는 이름의 마카레 여왕이 시행한 푼트 원정을 찬양하고 있다. 이때 그녀는 여행의 일정을 자세히 설명한 기록을 남김으로써 여행 장소들이 역사에 처음으로 나타나는 계기를 마련했다. 우선 테베를 출발하여 홍해와 나일 강 계곡 사이의 사막을 8일간 행진했고, 다음에는 함선을 만들 때 쓸 목재들을 해안까지 모두 운반했다. 홍해를 항해하는 것은 여간 어려운 일이 아니었다. 어디에서 나타날지 모르는 암초와 변덕스러운 바람 때문에 한순간에 타격을 입을 수 있었던 데다가, 부족한 식량을 채울 방법도 없었기 때문이다. 그러나 푼트에는 희귀하고 이국적인 물건들이 많이 있었으므로 탐험할 가치는 충분히 있었던 것이다.

지식 여행의 시작 페니키아 인

이후에 지중해를 장악하게 된 민족은 바로 페니키아 인이었다. 페니키아의 항해술은 지중해 전역에서 인정을 받았으며 많은 국가들이 상업적 탐험에서 페니키아 배와 선원을 이용했다고 한다. 그리스의 역사가 헤로도토스는 기원전 600년 경 페니키아 선원들이 이집트 파라오인 네코의 지시에 따라 아프리카를 일주했다고 기록했다. 이들은 홍해와 지중해를 잇는 뱃길을 찾기 위해 아프리카 동쪽 해안에서 남쪽의 희망봉을 지나 서쪽 해안까지 거슬러 올라간 뒤 지중해를 거쳐서 나일 강 하구에 도착했다고 한다.

헤로도토스는 페니키아 인들이 실제로 아프리카를 일주했는지 의심스러워했다. 하지만 탐험에서 돌아온 선원들은 아프리카 일주 과정과 항해 도중 관찰한 태양의 위치를 자세히 들려줌으로써 자신들이 아프리카를 일주했다는 것을 증명했다. 페니키아 인이 지중해 동쪽에서 대서양의 해안 지역에 이르기까지 새로운 세계를 확장하는 데 공헌한 것만큼은 틀림없는 사실이다.

이후에 여러 지역을 폭넓게 항해하며 무역을 했던 그리스 인들은 귀국하는 여행자들에게 여러 가지 지식을 듣고 기록하여 남겨 두었다. 그리고 이 지식은 지리학자, 천문학자, 측량사들을 데리고 다녔던 알렉산더 대왕에 의해 엄청나게 확대되었다.

마케도니아의 왕 필리포스 2세의 아들 알렉산더 대왕은 불과 2년 만에 그리스의 많은 국가들을 통합하였다. 또한 이집트를 정복했고, 오리엔트 지역까지 휩쓸어 페르시아 제국을 파괴하였다. 그리고 알렉산더 대왕은 자신의 통치를 강력히 하기 위해 그리스 문화와 오리엔트 문화를 통합하여 헬레니즘 문화를 만들어냈다. 알렉산더 대왕은 10년 동안 격렬한 전쟁과 탐험을 거듭한 뒤, 기원전 323년에 병으로 세상을 떠났다. 그의 기나긴 아시아 원정은 그리스 군대를 인도 국경과 아시아 대륙으로 이끌었고, 넓은 오리엔트 지역을 세상에 알렸다.

실크로드

중국과 서양은 그들 사이를 가로막고 있는 세계의 지붕이라고 불리는 파미르 고원과 타클라마칸 사막 때문에 교류하기가 힘들었다. 이곳이 대상들의 장삿길로 열린 때는 중국의 한나라 때부터이다. 동양과 서양을 이어 주는 이 길은 '비단길, 실크로드'라고 알려져 있는데 한나라 무제의 명을 받은 장건이 처음으로 개척하였다. 당시 한나라의 왕이었던 무제는 오랫동안 중국을 괴롭힌 흉노족을 무리치는 데 변방 민족끼리 서로 싸우게 하는 방법을 쓰기로 했다. 그래서 이 일을 성공시키기 위해 흉노족에게 쫓겨가 서쪽에 자리를 잡은 대월지를 설득해야 했다.

무제가 대월지에 보낼 사신으로 뽑은 사람이 바로 장건이었다. 기원전 139년 장건은 100여 명의 부하를 데리고 수도인 장안을 떠났는데 만리장성을 벗어나자마자 흉노족에게 사로잡히게 된다. 흉노족의 왕은 장건을 흉노족 여자와 결혼시켜 양치기 일을 시켰다. 장건은 10년이나 붙잡혀 지내면서도 자신이 해야 할 일을 잊지 않았고, 부하와 함께 탈출하는 데 성공하여 기원전 129년에 대월지에 도착하였다. 그러나 대월지 사람들은 어느덧 흉노족을 정복할 생각을 잊고 있었다. 왜냐하면 기름진 땅을 얻은 그들이 굳이 고향으로 돌아가려고 전쟁을 할 필요가 없었기 때문이다. 비록 장건의 임무는 물거품으로 돌아갔지만 장건은 대월지에 1년을 머무르며 부지런히 견문을 넓혔다.

그가 한나라에 돌아와서 쓴 보고서는 한나라가 서역으로 진출하는 데 큰 힘을 발휘하였다. 서쪽으로 나아가 서양과 교류할 통로를 만들어서 장건은 실크로드를 처음 개척한 사람이 되었던 것이다. 서역으로 알려진 페르가나에서 파르티아에 이르기까지 여러 나라에는 훌륭한 말이 많았다. 말을 타고 다니는 민족인 흉노족에게 시달리던 무제에게 이들의 말보다 크고 빠른 말이 있다는 것은 무척 반가운 일이었다. 게다가 장건은 이들 나라에서는 장사가 번창하여 금과 은이 유통되며,

한나라에서 나는 물건을 몹시 사고 싶어 한다고 전했다. 서역에서는 동쪽으로 중국, 서쪽으로 페르시아, 남쪽으로 인도에 이르는 좋은 길목을 이용해 상업을 발달시켰고 또 중국의 특산품인 비단과 칠기를 사고 싶어 했다. 특히 낙타에 싣고 먼 길을 가기에 편한 비단을 좋아했다. 실크로드를 통해 서역에서는 중국에 호두, 후추와 유리 만드는 기술을 전했다. 특히 종이 만드는 기술은 중세 유럽의 암흑기를 밝혀 근대 문명을 일으키게 하는 원동력이 되었다.

신서유기에 뛰어들자

실크로드는 중국과 서양의 교역로였다. 이 길을 통해 중앙아시아의 상인들은 중국의 비단과 향신료들을 서양의 금, 은, 면직물 등과 교환했다. 그런데 실크로드를 통해 단순히 물건의 거래만 이루어 진 것이 아니었다. 이 길을 통해 많은 사상과 종교가 전파되었던 것이다. 기원전 100년 경 인도의 승려에 의해 불교가 중국으로 전해졌다. 399년에는 중국의 승려 법현이 불교 지식을 넓히기 위해 실크로드를 따라 중앙아시아까지 여행을 했다.

그는 여러 해 동안 인도의 불교 사원에서 머무르며 불교에 관한 연구를 했다. 그로부터 200여 년 후 또 한 명의 승려 현장이 인도 순례길에 올랐다. 그는 16년 동안이나 불교를 연구하며 수많은 불교 경전을 모르고 번역하는 일을 했다. 그가 바로 '서유기'에 등장하는 삼장법사이다. 비단길이 없었다면 우리가 재미있게 보는 서유기가 나오지도 못했을 것이고, 당연히 tv N의 신서유기도 당신은 볼 수 없었을 것이다.

새로운 시대를 살아가는 것은 쉽지 않다. 하지만 새로운 기회도 같이 동반된다. 누군가는 기회를 잡아 새로운 인생을 살 수 있다. 탐험과 여행을 하지 않는다면 새로운 4차 산업혁명 시대에 살 수 있는 기회를 잃어버릴 수도 있고 새로운 기회를 잡을 수도 있다. 그 중에서도 디지털노마드라고 부르는 디지털 유목민은 인터넷의 힘을 이용해 전 세계의 어디에서도 일을 할 수 있고 새로운 일을 만들어 나갈 수도 있다. 대한민국에서 집값이 비싸고 취직이 안 되지만 전 세계 어디에선가 나를 찾는 일자리는 있을 것이고 창업의 기회도 발생할 것이다. 앉아서 후회만 하고 뒷담화를 한다고 해결되는 문제가 아니라면 새로운 세상에서 살 수 있는 기회를 누구보다 빨리 접하고 달라진 인생을 살 수도 있다. 그것이 디지털 노마드의 인생 탐험이 아닐까 생각한다.

탐험의 시대

신항로 개척과 신대륙 발견을 가져온 대항해 시대 이전의 탐험의 역사는 성지 순례가 목적이었던 탐험에서 종교를 전파하고 새로운 지식을 얻기 위해 세계를 여행한 이븐 바투타, 먹을 것을 찾기 위해 고향을 버리고 항해한 바이킹, 동방과의 무역을 위해 길을 떠난 마르코 폴로까지 먼 길을 떠난 이유는 달랐다. 그러나 이들의 탐험은 이후의 사람들에게 다른 지역에 대한 지리적 기초 지식을 풍부하게 해주었다는 공통점이 있었다.

바이킹의 항해

북유럽은 추운 기후 때문에 밀농사가 잘되지 않아 밀가루가 귀했다. 그래서 그 지역에 살고 있던 바이킹 인들은 다른 지역을 침략해 식량을 구해야 했다. 이들이 바로 유럽 역사에 큰 영향을 끼친 노르만족이었다. 노르만족은 스칸디나비아 반도와 덴마크 지역에 거주한 게르만족 계통의 부족으로 덴마크 인, 스웨덴 인, 노르웨이 사람들이었다.

노르만족을 흔히 '바이킹'이라고도 불렀는데, 그 의미에 대해서 몇 가지 설이 있다. 하나는 스칸디나비아어의 '하구나 협곡(피오르)'에서 유래했다는 설과 장사꾼을

뜻하는 말에서 파생했다는 설이 있는데, 말 그대로 이들이 해적이자 상인의 생활을 했기 때문이다. 바이킹은 지도도 없이 노르웨이에서 아이슬란드까지 불과 9일 만에 항해할 정도로 항해 기술이 매우 뛰어났고 이 항해 기술을 이용해 북해와 대서양, 여러 하천을 항해했다.

이들은 787~1014년까지 이른바 바이킹 시대에 교역과 이주, 약탈로 세력권을 확대했다. 바이킹이 태평양을 누비던 때, '붉은 에리크'라는 이름의 바이킹이 살인죄를 짓고 아이슬란드에서 추방당했다. 그의 배는 전설의 서쪽 땅을 찾기 위해 북극해로 향했고, 얼마 후 푸른 목초지를 발견했다. 그 땅이 바로 푸른 땅이라는 뜻의 그린란드였다. 새로운 땅에 대한 소식은 빠르게 아이슬란드에 퍼졌다. 이때부터 바이킹의 일부는 세계 최대의 섬 그린란드에 뿌리를 내리기 시작했다.

바이킹의 배는 그리스, 로마의 배와는 다른 모습을 가지고 있었는데, 배의 양끝 부분을 날렵하게 치솟게 만들고, 그 끝에 용과 같은 동물의 머리를 장식하기도 했다. 바이킹의 배는 길이가 길고 너비가 좁아서 쉽게 물살을 가르고 빨리 항해할 수 있었으며 배의 높이가 아주 낮아 쉽게 저을 수 있었다. 물론 바이킹이 전 유럽을 돌아다니며 약탈하게 된 것은 그들이 싸우기 좋아하는 민족이었기 때문만은 아니다. 9세기로 들어서면서 스칸디나비아에는 인구는 많아졌는데 토지는 부족했다. 원래 이 지역의 토질이 좋지 않고, 겨울철에 몹시 추웠기 때문에 식량이 늘 부족했다. 처음에 바이킹들은 약탈을 하러 가기 전에 씨앗을 뿌려 놓고 나중에 그것을 수학하러 돌아왔었다고 한다. 그런데 시간이 지남에 따라 바이킹 내에서 다툼이 일어나면서 사람들은 다른 지역에서 살 곳을 찾아야만 했다. 하지만 무엇보다 바이킹들이 부자가 되고 싶었고 모험과 항해를 즐겼기 때문이라는 것도 무시할 수는 없다.

마르코 폴로의 동방여행

마르코 폴로의 여행은 1271년 이탈리아의 베네치아를 출발하여 1295년 귀향함으로써 끝이 났다. 그런데 이 기간은 쿠빌라이 칸이 원나라를 다스리던 시기와 거의 정확하게 일치하고 있다. 즉 '동방견문록'이라는 이름으로 알려진 마르코 폴로의 기록은 바로 쿠빌라이의 몽골 제국과 그 주변 세계에 대한 생생한 증언이다.

15세 때 베네치아의 집을 떠나 41세의 나이에 다시 고향으로 돌아올 때까지 그는 이 몽골 제국의 세계에서 거의 벗어날 수 없었다. 당시 몽골 제국 즉 원나라가 영향을 미치던 지역이 중국, 중앙아시아, 유럽의 일부까지를 모두 포함하고 있었기 때문이다.

1271년 지중해 동북 연안에 위치한 항구 도시를 출발한 폴로 일가는 오늘날의 터키 동부를 지나 이란을 횡단하고 파미르 고원을 넘어 쿠빌라이의 여름 수도인 상도로 들어갔다. 이 여행에 모두 3년 6개월의 기간이 소요되었다고 한다. '동방견문록' 1편에서는 이라크, 페르시아 등의 서아시아에 대해 적고 있고, 2편에서는 파미르 고원을 넘어 타림 분지를 경유하는 내용이 담겨 있고, 3편에는 원나라 수도의 모습과 통치 내용을 다루고 있다. 4편에는 마르코 폴로가 원나라에 머물면서 체험했던 중국의 북부, 쓰촨, 윈난, 미얀마에 이르는 지역을 설명하고 5편에서는 남송, 즉 중국의 동남부에 대한 설명을 6편에는 폴로 가족이 중국을 떠나 유럽으로 돌아오는 길에 보고 들은 인도양의 상황을, 마지막 7편에서는 중앙아시아 대초원을 중심으로 러시아와 북극 지방까지 설명하고 있다.

마르코 폴로는 글에서 어느 도시든 방위와 거리를 밝히고 있고, 주민들의 특징에 대한 설명도 빼놓지 않았다. 그 지역의 종교는 무엇인지, 주식과 생업은 무엇인지, 또 어떠한 언어를 사용하는지, 정치적으로 누구에게 지배받고 있는지, 또 그 지방만의 특이한 물건이나 동식물은 무엇인지도 꼼꼼하게 적었다. 그러나 당시에는 마르코 폴로의 이야기를 믿었던 사람은 많지 않았고, 그를 한낱 허풍쟁이로 생각했다. 그의 글 속에 믿을 수도, 믿지 않을 수도 없는 놀라운 이야기들이 펼쳐져 있다. 지금도 우리가 마르코 폴로이 글을 읽을 때 그 속에 황당한 일화나 과장된 이야기가 있음을 부인할 수는 없지만 역사 자료들과 비교해 볼 때 그가 얼마나 정확하고 세밀한 시대의 기록자였는가 하는 점은 잊지 말아야 한다.

파스타의 기원

일반적으로 파스타의 원조는 이탈리아라고 알고 있다. 하지만 파스타는 사실 기원전 3,000년경부터 중국의 국수 요리 같은 밀가루 음식이 유럽에 전해진 것이다. 그러다가 마르코 폴로의 동방견문록을 통해 중국의 풍물이 유럽에 전해져 열풍을 일으키면서 당시 이탈리아에서도 파스타가 크게 인기를 모았다고 전해지고 있다. 모든 것을 손으로 해결했다. 그런데 동양의 문화가 전파되면서 자극을 받은 서양의 여러 나라에서 개인용 포크와 나이프를 사용하기 시작했던 것이다.

여행 MBA

1. "꽃보다 할배"와 "윤식당"의 여행지인 스페인여행 폭발적 증가

해외를 나가는 일이 많은 필자는 아는 여행사에 전화를 걸어 크로아티아의 자그레브로 여행을 가기 위해 항공권을 요청하였다. 하지만 자그레브로 가는 항공권은 200만원이 넘는 비싼 항공권만 남아 있다는 말을 들었다. 왜냐고 물으니 "꽃보다 누나"에서 크로아티아를 여행한 이후 크로아티아의 자그레브는 항공권구하기가 쉽지 않다고 이야기를 들었다. 그래서 스페인의 여행 책을 쓰기 위해 마드리드행 항공권을 이야기했더니 스페인은 〈꽃보다 할배, 윤식당, 스페인 하숙〉에서 스페인을 가는 프로그램이 인기라서 스페인도 항공권의 가격이 비싸다는 이야기를 들었다. 이 두 지역은 지금 가장 인기가 높아진 해외여행지이다.

2013년부터 〈꽃보다 할배라〉는 tvN의 프로그램이 인기였다. 4명의 연기자이자, 할아버지인 그들이 배낭여행을 컨셉으로 여행하면서 생기는 에피소드를 잘 녹여내 프로그램의 시청률은 10%를 넘기도 했다. 케이블의 시청률이 5%만 넘겨도 대박이라는데 이 프로그램은 파리, 대만, 스페인, 동유럽까지 많은 인기를 얻고 있다. 더불어 나이가 드신 할아버지, 할머니들도 해외 배낭여행처럼 힘든 여행을 많이 한다고 여행사들은 늘어난 실버 여행객들에 함박웃음을 지었다.

예전에도 인기 있는 드라마나 예능프로들이 있으면 더불어 해당 관광지의 인기가 높아졌던 적은 많았다. 이처럼 우리는 TV에서 인기 있는 여행지를 따라서 많이 여행을 간다. 인터넷이 발달한 요즈음은 검색만 해도 여행지에 대한 정보를 잘 얻을 수 있어 여행하기 전에 검색은 필수다. 이 검색의 상단에는 블로그들이 쓴 글이 노출이 되어 있다.

이 블로그들은 '파워블로거'라는 사람들이 여행지를 다니면서 쓴 글로 상단에 노출이 되기 때문에 더욱 많은 사람이 파워블로거의 글을 보고 해당 관광지를 소개해주는 글을 싣고 있다. 파워블로거들은 진화하여 상품뿐만 아니라 여행지역이나 여행사와 결합하여 소개해주는 글을 싣고 돈을 받는 경우가 많다.

이렇듯 여행을 할 때도 남들을 따라가면서 국내, 해외여행지에 대한 정보를 얻고 있는 우리는 어떤 소비를 하고 있는 걸까?

한 소비자가 어떤 재화를 소비할 때 다른 소비자들이 그 재화를 많이 소비하는 데서 영향을 받아 소비형태가 따라가는 현상을 '밴드왜건 효과'라고 부른다. 현대인들의 소비행태를 이야기할 때 자주 등장하는 경제 용어로 주식이나 부동산 등의 투자결정에도 적용이 되지만 지금 많은 분들이 하는 여행형태도 예외 없이 적용이 된다. 꽃보다 할배에서 나오는 할배들이 스페인의 바르셀로나에서 가우디투어를 하면서 본 사그라다 파밀리아 성당과 구엘공원을 보기위해 스페인항공권이 동이나 버렸다. 대한항공은 마드리드항공 편수를 늘려서 운행하겠다고 하는 신문기사를 보면 여행에서도 밴드왜건효과는 우리가 하는 여행에서도 적용이 된다 하겠다.

따라가는 여행보다 나만의 여행패턴이 있어야 한다.

소비 성향을 설명할 때 흔히 인용하는 경제학 용어가 '밴드 왜건 효과'이다. 한 소비자가 어떤 재화를 소비할 때 다른 소비자들이 그 재화를 많이 소비하는 데서 영향을 받아 소비 형태가 따라가는 현상을 말한다. 밴드왜건 효과는 주식이나 부동산 매입, 자산관리 등의 투자결정에도 예외 없이 적용된다. 애널리스트가 우량주로 지목한 종목의 주가가 상한가를 이어간다거나 매수주문이 쏠리는 주식에 또 다른 매수가 집중되는 현상이 대표적이다.

여행에서도 밴드왜건 효과가 자주 나타난다. 어떤 여행지가 뜨면 모두 따라가서 그곳에서 여행을 한다. 어떤 여행지가 TV프로그램에 나오면 다들 그 여행지로 떠나는 현상이 우리 주위에 벌어지고 있다. 꽃보다 청춘, 라오스가 인기를 끌면서 한동안 라오스가 인기여행지가 되었고 가이드북도 덩달아 잘 판매가 되었다. 하지만 곧 인기는 식었고 라오스는 예전의 상황으로 돌아갔다. 꽃보다 누나, 크로아티아와 꽃보다 할배, 스페인이 인기를 끌면서 그 이후로 크로아티아와 스페인은 인기 여행지가 되었다. 그런데 그 인기가 사그라들지 않고 있다.

그럼 왜 라오스의 인기가 사그라 들고 크로아티아와 스페인의 인기는 식지 않는 것일까? 그것은 여행지 자체의 경쟁력일 것이다. 크로아티아는 오랜 기간 베네치아의 식민도시로 있어서 이탈리아 유적지의 형태와 동일하고 스페인의 바르셀로나는 가우디의 건축물이 도시의 경쟁력을 떠받치고 있다. 그 속에서 다양한 스토리텔링이 있으므로 누구나 가고 싶은 여행지가 된 것이다. 하지만 라오스는 자연을 빼고 나올 수 있는 인기여행지의 매력은 많지 않았던 것이다. 그렇다고 라오스의 여행지가 나쁘다는 것이 아니다. 모든 여행지는 나름의 매력이 있는 데 인기가 높다고 따라간다면 여행지의 매력은 없어지고 말 것이다.

이와는 반대로 '스놉효과'라는 소비효과도 있다. 스놉은 남이 어떤 재화를 많이 소비하고 있으면 그 재화의 소비를 그만두는 경우를 일컫는다. 자기가 남과 다르다는 것을 과시할 때 나타나는 소비 형태인데 요즘엔 개성 있는 투자자들이 남들과는 구분되는 투자유형을 선호하고 있다. 주식시장이나 부동산시장에서 이처럼 상반되는 경향이 상존하고 있다. 어떤 사람은 밴드왜건효과에 의해 투자를 결정하기도 하고 어떤 사람은 스놉효과에 의해 투자를 결정한다.

저자는 여행지를 선택할 때 유럽의 성수기인 7~8월이나 동남아의 성수기인 12~2월은 되도록 피한다. 너무 많은 관광객은 여행지의 물가를 올리고 현지인은 관광객에게 불친절한 상황까지 벌어지기 때문에 되도록 성수기의 앞이나 뒤를 활용한다. 그러나 성수기는 현지의 날씨가 가장 좋은 때에 여행을 할 수 있는 시기이다. 그래서 성수기와 비슷한 날씨이지만 관광객이 많이 빠져 여행을 하기 좋은 시기를 내가 정한 것이다. 여행에서도 스놉효과를 생각해 남들이 다 가는 여행지나 다가는 성수기에 여행을 피해서 여행경비도 줄이고 원하는 여행을 할 수 있는 것이 중요할 것이다.

모두 다 남다른 수익을 기대하는 것은 마찬가지인데 그러나 결과는 다를 수밖에 없다. 하지만 최근의 투자패턴은 확실히 스놉효과적인 경향이 우세해지고 있다. 주식에서 항상 묻지마 투자로 인한 개미들의 피해가 너무 크다. 여행도 남다른 여행의 매력에 빠져 여행에서 돌아와 일상을 살아가는 힘을 얻고 싶은 사람들이 많지만 남들이 다 가는 여행이나 시기에 간다면 비용의 피해가 크고 사람에 치여 여행의 매력을 잃는 정신적인 피해도 클 것이다. 하지만 매년 발생하는 피해라서 안타깝다.

2. 여행의 기회비용

대학생 때는 해외여행을 한다는 자체만으로 행복했다. 아무리 경유를 많이 해도 비행기에서 먹는 기내식은 맛있었고, 아무리 고생을 많이 해도 해외여행은 나에게 최고의 즐거움이었다. 어떻게든 해외여행을 다니기 위해 아르바이트를 하고, 여행상품이 걸린 이벤트나 기업체의 공모전에 응모했다. 그러다가 대학생을 대상으로 하는 한 기업체의 공모전에 당선되어 친구들과 일본여행을 다녀오기도 했다. 심지어 라디오프로그램에 여행에세이를 올리기도 해서 원고료를 받은 적도 있다. 여러 가지 방법으로 여행경비를, 혹은 여행의 기회를 마련하면서, 내 대학생활은 내내 '여행'에 맞춰져 있었고, 나는 그로 인해 대학생활이 무척 즐거웠다.

반면, 오로지 여행만을 생각한 내 대학생활에서 학점은 소소한 것이었다. 아니, 신경을 쓰지 않았다는 말이 맞겠다. 결론적으로 나는 학점을 해외여행과 맞바꾼 것이었다.

그렇다면, 내가 해외여행을 하기위해 포기해야 했던 학점은 무엇일까?

어떤 선택을 했을 때 포기한 것들 중에서 가장 좋은 한 가지의 가치를 기회비용이라고 한다. 내가 포기했던 학점이 해외여행의 기회비용인 것이다. 아르바이트를 해서 해외로 여행을 다녀온다면, 여행을 다녀오기 위해 포기하는 것들이 생긴다. 예를 들어 아르바이트를 하는 시간, 학점 등이 여행의 기회비용이 된다.

만약 20대 직장인이 200만 원짜리 유럽여행상품으로 여행을 간다고 하자. 이 직장인은 200만 원을 모아서 은행에 적금을 부었다면 은행에서 받는 이자수입이 있었을 것이다. 연리12%(계산의 편의상 적용)라면 200만 원 유럽여행으로 한달 동안 2만원의 이자수입이 없어진 셈이다. 이 2만원이 기회비용이라는 것이다.

중고차를 1,000만 원에 구입했다면 연리 12%로 한 달 동안 10민 원의 이자수입이

없어진 것이다. 그런데 이런 승용차들은 평생 타고 다닐 수 없다. 그래서 5년을 타고 다닐 수 있으면 5년(60개월)이 감가상각 되는 비용은 1,000만원/60개월로 약 16.5만원이 감가상각이다. 그러므로 16.5만원이 기회비용으로 계산이 될 수 있다.

여행을 하면서도 우리는 기회비용이라는 경제행동을 한다. 그러니 여행을 하면서 우리가 포기한 기회비용보다 더욱 많은 것을 얻도록 노력해야 하겠다고 생각할 수도 있다. 우리가 대개 여행을 하면서 포기하게 되는 기회비용은 여행기간동안 벌

수 있는 '돈'과 다른 무언가를 할 수 있는 '시간'이 대표적이다.

하지만 좀 바꾸어 생각해보면 돈과 시간은 유형적인 것이지만 여행은 무형적인 요소로, 한 번의 여행으로 내 인생이 달라진다면, 포기한 돈(여기서 기회비용)은 싼 가격으로 책정될 수 있지만 여행에서 얻은 것이 없다면 비싼 가격으로 매겨질 것이다.

일반적으로 구입하는 물품에 감가상각이라는 것이 있다. 한 번 다녀온 유럽여행이 자신의 인생에서 평생 동안 도움이 된다면 감가상각기간이 평생이기 때문에 감가상각비용은 거의 발생하지 않는다. 그리고 여행으로 인생이 바뀌었다면, 여행으로 받은 이익이 매우 크기 때문에 기회비용은 이익에 비해 무료로 계산될 수도 있다. 200만원으로 다녀온 유럽여행이, 그때 소요된 200만원이 전혀 아깝지 않을 정도의 여행이었다면 되는 것이다.

같은 건물을 봐도, 모두 다 다른 생각을 하고, 같은 길을 걸어도 저마다 드는 생각은 다른 것처럼, 여행을 통해 얻을 수 있는 기회비용 대비 최고의 가치도 각자 다르다. 지금의 나에게 있어 최저의 기회비용을 가지는 최고의 여행은 어떤 것일까? 그런 여행을 떠나보자.

3. 정말 많은 여행사는 바람직한가?

여행을 가기 위해 검색을 해보면 정말 많은 여행사들의 여행상품이 검색된다. 심지어 소셜 커머스나 홈쇼핑에도 여행상품이 판매되고 있다. 앞으로 유망산업이기도 한 여행 산업이니 많이 생기겠지? 하는 생각과 달리 조그만 여행사들은 망하는 일이 많다. 그래서 여행사를 운영하려면 3천만 원 이상의 자본금이 있어 여행업협회에 등록을 해야 한다.

여행에 관련된 산업은 숙박과 고속버스 등의 부가적인 분야까지 생각하면 정말 많은 분들이 여행업에 종사하게 되어 있어 정부는 여행활성화를 하여 일자리창출을 하려고 적극적인 지원을 하고 있다. 이러한 유망한 여행 산업에 뛰어든 많은 여행사들은 생각과 달리 망하는 일이 잦다. 너무 많은 여행사들이 경쟁하기 때문에 경쟁에서 도태된 여행사들은 부도를 맞는 일은 피할 수 없게 되어 있다.

이처럼 여행시장에서 많은 여행사들이 경쟁하는 시장의 형태를 완전경쟁 시장이라고 한다. 경제학에서 시장의 경쟁형태는 여러 가지가 있는데 가장 이상적인 시장은 완전경쟁시장이라고 경제학자들은 말한다. 수많은 판매자와 구매자가 있다는 것만으로 완전경쟁시장이 되는 것은 아니다. 그 시장에서 거래되고 있는 상품이 모두 같은 동질적이어야 하고, 완전한 정보가 갖추어져 있고 여행 산업의 진입과 탈퇴가 자유로워야 한다. 위의 3가지 요건을 갖춘 시장이 완전경쟁시장으로 현실에서는 찾기 어렵다.

여행 산업은 필자가 보기에 거의 완전경쟁시장에 가깝다. 수천 개의 여행사들이 같은 여행상품을 가지고 경쟁하면서 소비자들을 끌어 모으고 있다. 물론 3천만 원이라는 자본금이 있어야 해서 진입과 탈퇴가 자유롭지는 않지만 요즈음 3천만 원으로 할 수 있는 일이 많지 않다는 현실까지 고려하면 완전경쟁시장에 가깝다고 할 수 있겠다.

그렇다면 완전경쟁시장을 이상적으로 보는 이유는 이 시장에서 자원이 효율적으로 배분될 수 있기 때문이다. 이 시장에서 효율적인 자원배분이 가능할 이유는 경쟁이 심하기 때문에 모든 기업이 효율적인 운영을 하지 않으면 적자생존의 현실에 부도 처리되어 도태되고 말 것이기 때문이다.

소비자가 마지막에 상품을 구입하면서 생기는 만족감을 한계편익이라고 부르는데 인테넷으로 검색하여 가장 싸게 여행상품을 구입한 소비자는 구입한 만족감이 여행상품의 가격과 같을 때 구입하게 되기 때문이다. 수많은 패키지여행상품에서 검색을 하면서 같은 여행코스라면 가장 싸게 여행상품을 구입하는 소비자가 거의 대부분이다. 구입을 결정한 순간까지도 수많은 여행상품을 비교하면서 마지막에 땡처리 상품이 있지않을까? 라는 생각으로 또 검색을 하는 여행소비자가 많다. 그래서 여행사들은 패키지상품이 아닌 문화에 바탕이 된 여행상품을 내놓으면서 동질상품이기를 거부하면서 소비자에게 다가선다. 이런 여행사들의 노력으로 우리나라의 여행상품도 천편일률적인 패키지여행에서 자신만의 코스와 일정을 고려한 맞춤여행이 소비자에게 다가가고 있다.

여행사들은 장기적으로 상품의 판매가 가능한 가장 낮은 비용으로 상품을 개발해 판매하고 소비자에게는 가장 효율적으로 균형 상태에서 수익을 거두기 때문에 정상적인 수익만을 얻게 된다.

놓친 고기에 연연하지 말라.
유럽, 뉴욕여행을 하다 보면 하루하루의 여행계획이 타이트하게 이루어져가면서 여행을 할 때가 있다. 그럴 때는 더더욱 여행경비를 생각하면서 여행을 하게 된다. 대부분의 여행자들은 머리 속에 가장 먼저 떠오르는 생각은 여행경비를 줄여가면서 효율적으로 여행을 즐기려고 한다는 것이다.

'놓친 고기가 더 커 보인다.'라는 말이 있다. 잃어버린 것이 더 아쉽고 자신이 선택하지 않은 길이 더 크고 훌륭해 보이는 게 세상 이치라는 속담이다. 조금 더 빨리 갔으면 어느 여행지를 더 봤을 텐데 하고 후회하고 하루만 일찍 왔어도 볼 수 있

었을 텐데 라고 아쉬움을 삼킨 여행에피소드는 주변에서 허다하게 볼 수 있다.

경제학에서는 한번 지불하면 회수할 수 있는 비용을 '매몰비용'이라고 한다. 한번 지불한 비용은 더 이상 기회비용을 반영하지 못한다는 뜻에서 필요 없는 비용이다. 매몰비용은 '놓친 고기'와 같은 것이다. 매몰비용은 이미 치른 것으로 앞으로 어찌할 수 없는 것으로 여행에서 어디를 못 보았든, 못 갔든 아깝다는 생각을 하는 것은 아무 의미가 없다.

매몰비용에 연연하면 자칫 여행자체를 못가기도 한다. 많은 사람들은 항공권을 구하면서 인터넷에서 봤던 아주 싼 항공권만 생각하다가 여행을 포기하는 사람들도 있다. 이렇게 매몰비용을 생각만 하다가는 합리적인 의사결정에 오류를 범할 위험이 크다. 매몰비용은 깨끗이 잊어버리고 앞으로 있을 여행을 평생 기억에 남도록 만드는 것이 여행에서는 반드시 필요하다.

시장의 힘

어렸을 때 컬러 TV를 처음 보고 조그만 상자 속에 어떻게 사람들이 화려하게 나타날까 신기해한 경험이 있다. 어떻게 다른 색이 화면에서 나올 수 있을지 궁금했다. 수많은 상품들이 시장에서 거래되고 있는 모양을 보면 그 뒤에서 누군가 버티고 서서 모든 것을 통제하고 있을지도 모른다는 느낌을 받게 된다. 누가 시킨 것일까? 마치 물이 흐르듯 막힘없이 상품이 시장으로 흘러 들어오고 나가는 것인가, 또한 누가 신경을 써서 조절하고 있는 것이기에 귀한 물건값은 비싸고 흔한 물건의 값은 싸게 매겨져 있을까?

아담스미스는 이를 두고 시장의 '보이지 않는 손'이 인도하고 있기 때문이라고 설명하였다. 보이지 않는 손이 물건을 이곳에서 저곳으로 옮겨주고 가격을 올리기도 내리기도 한다는 비유를 들어 시장의 움직임을 설명하려고 한 것이다. 물론 시장의 배후에 우리가 볼 수 없는 손이 있을 리가 없다. 시장에서 표출되는 수요와 공급의 힘이 상호작용한 결과로써 그와 같은 움직임이 나오고 있을 뿐이다.

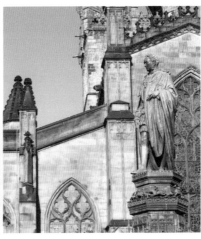

어떤 물건에 대한 수요가 갑작스럽게 늘어나면 그 물건의 값은 자연히 오르게 된다. 값이 오르면 그 물건을 생산하는 사람은 더 많이 생산하여 시장에 공급한다. 이제는 팔려고 하는 양과 사려고 하는 양이 맞아 떨어지고 가격도 안정되게 된다.

누가 누구에게 어떤 특별한 일을 하라고 지시하지 않아도 시장에서는 이런 일들이 저절로 일어나고 있다. 이와 같은 움직임은 어디에서 근원적인 동력을 얻고 있는 것일까? 수요와 공급의 힘을 떠받치는 근본적인 힘은 사람들의 '경제를 하려는 의지'이다. 쉽게 말하자면 잘 살아보고자 하는 의지이다. 가장 좋은 물건을 가장 산 값에 사려는 소비자의 의지가 수요를 떠받치려는 힘이다.

그리고 공급의 배후에는 이윤을 추구하는 생산자의 의지가 있다. 시장이란 것은 사람들이 가지고 있는 다양한 의지의 투표장이라고 할 수 있다. 어떤 물건을 자세

193

히 뜯어보고 사겠다는 의사를 밝힌 주부는 이미 그 물건에 대한 자신의 한 표를 던진 것이다. 시장은 이렇게 던져진 표들을 모으고 정리하여 사람들이 요구하는 바를 알아내고 이를 실현시켜준다.

시장에 참여한 사람들은 순전히 자신의 이익만을 추구한다. 농민을 위한다는 마음만으로 쌀을 사는 사람은 없으며 이웃을 도와준다는 이유로 옷을 만들어 판다고 하는 말도 거짓이다. 이들에게 네 이웃을 생각하라고 설교하는 것은 아무 의미가 없다. 그러나 모두가 자신의 이익만을 추구한다 해서 혼란과 갈등이 끊이지 않을 경우를 염려할 필요도 없다. 시장이 이 엉망진창으로 보이는 상황에서 일종의 조화 같은 것을 자아내고 있기 때문이다. 아담스미스는 보이지 않는 손이라는 말로 이 놀라운 시장의 힘에 경의를 표하고 있다.

나의 자존감 찾기

여행은 행복이다.

나는 여행으로 행복하다. 매번 여행할 때마다 감사해한다. 감사는 곧 행복으로 다가온다. 기분 좋은 설레임을 가지고 공항으로 향하는 버스 안에서도 감사했고, 아무 것도 없는 사하라사막에서 아무것도 없어도 별로 가득 찬 사막의 밤하늘을 보면서 나의 새로운 꿈이 이뤄지겠다는 생각을 하게 되었다. 비가 와서 더 많은 관광지를 볼 수 없었을 때에도 버스가 고장이 나서 마냥 기다리면서 옆의 여행자와 지루해서 대화를 나눌 때에도 그냥 매 순간이 감사했다. 이상하게 이렇게 나를 향한 감사한 마음은 나를 따뜻하게 해주었다. 이 감사는 누구를 향한 것이 아니었다. '나'에게도 아니었고, '세상'에게도, '가족'에게도 아니었다. 그냥 고맙고 감사했다.

이상하지 않나요? 라고 묻고 싶다. 나 자신도 이상하다고 생각했다. 내가 왜 이렇게 감사한 마음이 드는지, 도대체 누구한테 감사한 지 이유도 찾을 수 없었지만 내가 행복하면 되지 않았을까? 뭐~ 답은 언젠가는 떠오를 거라고 생각한다.

UPPER WARD

ROYAL APARTMENTS
& DAVID'S TOWER

ST MARGARETS
CHAPEL

CROWN SQUARE

HALF MOON BATTERY
& CASTLE WELL

TOILETS &
CASTLE SHOP

LANG STAIRS
& WAY OUT

겨울일기

한때 가수 '장나라'의 노래를 즐겨 들었던 적이 있다. 그때 '겨울일기'라는 노래를
들으면서 나에게도 겨울에 낭만적인 기억을 더듬을 수 있을까? 걱정스러웠던
때가 있었다. 겨울일기라는 설레임이 가득한 노래리듬을 들었다. 가사는 귀에
들어오지 않았다. 새해를 희망하면서 기대감에 새해를 기다리는 나를 기억하고
싶었지만 나이가 들어가면서 더욱 겨울에는 한해가 지나가는 것이 두려워졌지
만 낭만적인 겨울을 즐기고 싶었다.

겨울일기라는 뮤직비디오에 나오는 새하얀 공
해도 없는 투명한 눈사람에 뽀뽀를 하는 사진이
항상 눈에 그려졌다. 그 기억이 사라졌고 나이
가 든 나는 겨울, 아이슬란드에 있었다. 공해가
없는 아이슬란드의 주택을 빌려 이틀동안 있을
예정이었다. 천천히 하루를 시작해 주변의 게이시르를 보고 온천을 즐기고 나면
일찍 지는 해에 커피 한잔을 마시면서 집 주위의 호수를 산책했다. 안전한 아이
슬란드에서 밤이든 저녁이든 언제나 마음 편하게 나를 돌아보고 새로운 희망을
가져볼 수 있었다.

2일차에 마트에 가서 어떤 고기를 골라야하나 고민하던 때에 마트 주인이 와서 한 고기를 집더니 이 고기를 오븐에 어떻게 요리하면 정말 맛있다는 말을 하면서 자신이 보장하니 구입하라고 하였다. 나는 마트 주인과 대화를 나누었고 그의 따뜻한 말투에 두말하지 않고 구입해와서 요리를 하였다. 나는 요리를 못해서 설명을 들었지만 요리를 하는 데에 시간이 오래걸렸다. 1시간을 씨름하면서 그의 설명대로 요리를 하려고 노력하였다.

오븐에 나온 고기를 잘라서 입에 넣었을 때에 나는 깜짝 놀랐다. 너무도 살살 녹는 고기에, 나의 요리 솜씨에 감탄하였기 때문이다. 그날 나는 행복한 저녁시간을 보냈다. 대화는 아니었지만 즐거웠고 호수 근처의 눈 덮인 길가에서 힘들게 걸었지만 넘어지면서도 행복하였다. 그날 나는 어떤 것이 행복이라는 것을 알았다. 서로 도와주고 소박한 대화와 음식재료에 행복을 담아 가는 과정이라는 것을 ……

나는 그 이후에 오랜 시간 더 머물렀다. 요즈음 유행한다는 한 달 살기 여행을 아이슬란드에서 해보았다. 마트 주인과는 더욱 친해졌고 집 주인과도 친해져 그녀가 운영하는 아이스크림 가게에서 자주 아이스크림을 먹으면서 대화를 나누었다. 삼시세끼를 먹고 요리하고 생각하고 대화하는 하루의 일과들이 행복했다. 특히 공해가 없고 눈이 자주 오는 아이슬란드에서 매일 눈사람을 만들었다. 호수의 근처에 있어서 수분을 머금은 눈은 금방 뭉쳐졌고 눈사람은 30분도 안되어

만들었고 매일 다양한 눈사람을 만들고 눈사람에 뽀뽀도 하고 사진도 찍으면서 즐거웠다. 눈이 녹아도 공해가 없어서 하얀 물로 다시 변하는 눈을 보면서 추운 겨울이 이토록 행복해질 수 있다는 사실이 놀라웠다.

행복에 돈과 물질이 다인 것처럼 행동하는 대한민국에서 벗어나 덜 벌고 덜 가지고 행복한 시간을 보낸 내가 자랑스러웠다. 아이슬란드처럼 물가가 비싼 곳에서 돈도 많이 들었겠다는 이야기도 들었지만 삼시세끼를 먹는 아이슬란드에서의 물가는 대한민국과 별반 다르지 않았다. 요리를 해먹고 만들어서 놀러가는 생활을 하기 때문에 현지의 물가는 문제가 되지 않았다.

눈이 오면 저녁을 먹고 온천을 하러 갔다. 집 근처의 노천 온천에서 눈을 맞으며, 저녁에 밤하늘을 바라보며 따뜻한 온천물에서 맞는 몸의 느낌은 너무 좋았다. 다른 표현을 찾을 수 없을 정도로 눈 맞으며 온천을 하는 내가 너무 행복했다. 집으로 돌아와 커피 한잔을 하고 자면 숙면을 취할 수 있었다.
한 달 살기에서 여러 곳을 보지 않았다. 겨울의 아이슬란드는 3시면 해가 지기 때문에 관광지 구경도 일찍 끝났다. 더 많이 보러 다니는 여행은 할 수 없는 아

이슬란드, 밤이 길어서 할 게 없어서 겨울의 아이슬란드는 심심할 수 있었지만 바쁘게 살았던 나의 뇌에는 새로운 생명을 불어넣었다. 심심해도 너무 심심한 아이슬란드의 기억은 나에게 행복한 나날의 연속이었다. 대화를 나누고 요리를 하고 마을 주민들과 이야기하는 기억에 아이슬란드의 때가 끼지 않은 눈은 내가 아이슬란드를 기억하는 모티브가 되었다.

북유럽의 행복

북유럽을 여행하면서 느끼는 것은 휘게^{hygge}가 무엇일까?였다. 도대체 무엇이기에 북유럽 사람들은 휘게^{hygge}를 행복하게 만드는 행동들이라고 하는지 알고 싶었다. 그런데 그들이 일상 속에서 살아가는 모습이 휘게^{hygge}라고 할 수 있었다. 우리에게 가장 적합한 용어는 '소확행'이라고 할 수 있을 것 같다. 일상 속에서 나를 지우는 압박에서 벗어나 행복한 일상을 살아가는 행동들이 오랜 시간을 거쳐 북유럽 사람들의 생활 속에 자리 잡은 것이었다. 그들이 일상에서 얻는 행복을 알아보자.

가벼운 대화의 중요성

북유럽 사람들은 겨울이 8개월 정도를 지속하기 때문에 이웃의 도움이 절대적으로 필요하다는 사실을 알고 있다. 그래서 그들은 이웃들을 소중히 여기고 서로 도움을 주고 받는다. 한 달 살기에서 부러운 장면이 서로 오픈된 마인드로 의심 없이 대화를 하는 장면은 가장 부러운 것이다. 우리에게도 정을 이야기하면서 대화를 나누던 시절이 있었는데 왜 지금은 서로가 의심을 지우지 못할까?

대화가 서로 재미있는 말하기 또는 간단한 저녁 파티 등을 통해 대화가 막힐 때도 지속적으로 관계를 원활하게 만든다. 이렇게 하면 편안하게 느끼게 하고 어색한 순간을 피할 수 있다.

너에게 있어 가장 불편한 시기는 너 자신을 가장 많이 배우는 시기이다.

– 메리 루이즈 빈 –

적절한 휴식

노르웨이 사람들은 여름에 특히 놀이에 집중한다. 가끔 저렇게 일하고 월급을 받을 생각을 한다는 것이 놀라울 정도였다. 하지만 그 휴식으로 새로운 창작이 가능하기 때문에 놀이는 필수적이라는 이야기를 듣고 깜짝 놀랐다. 우리에게는 열심히 일한 개미와 같은 인생을 생각하는 데 그들은 배짱이의 휴식으로 더 많은 창작이 가능하다는 사실은 지금 대한민국에 필요한 이야기인 것 같다.

많은 사람들이 지나치게 몰두하는 것에 대해 집중을 한다고 생각하지만, 그렇지 않다. 너무 집중한 나머지 주위의 다른 일을 살피지 않고 나의 일만을 생각하다가 누군가 나의 영역에 들어와 문제점을 이야기하면 방해꾼이라고 생각하게 된다. 사회의 대부분 일에 관해서는 서로서로 도와주어야 하는데 나의 일을 방해하지 않고 조언을 하기만 해도 방해한다고 생각하는 것이 지금의 상황이다.

우리에게 필요한 것은 어딘가에서 휴식을 취하는 것이다. 한 발짝 물러나 자신을 바라보는 시간이 필요하다. 일을 하고 저녁에 휴식이 필요한 이유는 다시 올바른 정신으로 일하기 위해 저녁에는 사랑하는 가족이나 친구와 이웃들과 대화를 나누

며 휴식을 취해야 한다. 저녁 시간에는 모든 사람들이 편안한 휴식을 취하고 싶다고 한다. 당신의 거실에서 사람들이 작은 둥지를 만들 수 있게 휴식이라는 이음새가 원활하게 되도록 음식으로 긴장을 풀어주는 것도 좋은 방법이다.

연금술사가 되라.

우리는 내가 경제적으로나 정신적으로 힘들게 되면 사회적으로 나를 고립시키려는 경향이 강하다. 공무원 시험을 준비한다고 인간관계를 다 단절시키기 때문에 시험에 떨어지고 다시 연락을 하려고 하면 쉽게 연락을 할 수 없기 때문에 고립되기도 한다. 은퇴를 하거나 명예퇴직을 당해도 자신의 처지를 비관하고 스스로 고립되기 때문에 다시 연락을 취하기 힘들다. 힘들수록 내 주위의 사람들에게 알리고 도움을 받아야 한다.

파티를 열어 당신이 알고 있는 모든 사람들을 초대하는 것이 아니다. 나와 알고 있는 이들과 관계를 돈독하게 만들고 기분을 좋아지도록 만드는 저녁식사 초대라는 표현이 어울린다. 대접하는 것이 아니고 같이 만들어가는 파티가 된다면 부담 없이 방문할 수 있다. 아이와 가족을 자신이 만들거나 현지에서 구입한 간단한 저녁을 만들어 서로 이야기를 한다면 서로 다른 성격들이 어떻게 서로 보완 할 것인지 생각해보는 관계의 자리가 될 것이다. 그렇게 사회적 연금술사가 되는 과정이 내성적인 사람들에게 좋은 것을 기억을 더욱 보완해주는 역할을 한다.

맛있는 음식을 먹자.

힘든 일이 생기면 긴장이 높아지고 새롭게 스트레스가 발생하면서 몸은 계속적인 긴장에 열량의 소모량이 높다. 해결되지 않는 일이 긴장만 높다고 해결되는 것이 아닐 것이다. 따뜻하고 영양이 있어 음식은 긴장을 풀어주고 뇌에 다시 산소를 공급하면서 새로운 시각으로 힘든 일을 볼 수 있다. 당분이 높은 음식으로 삶의 만족을 느끼면서 하루를 마무리하려고 노력한다. 마음에 드는 음식으로 하루를 마무리하고 하루를 돌아보는 시간을 가져야 한다. 자신이 좋아하는 어떤 식사든 모두 좋은 선택이다. 그리고 감미로운 무언가로 마무리하는 것을 잊지 말자.

캐주얼한 일상

우리는 주말에도 돈이 없다며 집안에 틀어박혀 소파에 몸을 붙이고 하루 종일 TV
를 보면서 주말을 지내고 한숨을 내쉰다. 내 주위의 시간과 장소가 있으며 그것을
즐기는 시간은 확실히 다르다. 내가 일상에서 벗어나 다른 장소에서 나를 돌아볼
수 있는 자연이 있는 공간에서 편안하게 지내는 것이 한 달 살기의 일상이다.

일에 나를 묶어 놓고 돈이 없어 힘들다는 이야기는 자신이 얽매어버린 일상이다.
나를 캐주얼한 일상으로 맞추어 다른 생각을 할 수 있는 자연의 공간으로 나를 안
내해야 한다. 한 달 살기에서 가장 중요한 장소의 선택은 부담 없이 즐길 수 있는
곳이 좋다. 돈이 없어도 쉽게 나가서 일상을 즐길 수 있는 곳은 의외로 많다.

인생은 거울과 같으니 비친 것을 밖에서 들여다보기보다
먼저 자신의 내면을 살펴야 한다.

– 윌리 페이머스 아모스 –

회복탄력성

회복탄력성은 영어 'Resilience'의 번역어다. 심리학, 정신의학, 간호학, 교육학, 유아교육, 사회학, 커뮤니케이션학, 경제학 등 다양한 분야에서 연구되는 개념이며, 극복력, 탄성, 탄력성, 회복력 등으로 번역되기도 한다. 회복탄력성은 크고 작은 다양한 역경과 시련과 실패를 오히려 도약의 발판으로 삼아 더 높이 튀어 오르는 마음의 근력을 의미한다.

물체마다 탄성이 다르듯이 사람에 따라 탄성이 다르다. 역경으로 인해 밑바닥까지 떨어졌다가도 강한 회복탄력성으로 되튀어 오르는 사람들은 대부분의 경우 원래 있었던 위치보다 더 높은 곳까지 올라간다. 지속적인 발전을 이루거나 커다란 성취를 이뤄낸 개인이나 소직은 실패나 역경을 딛고 일어섰다는 공통점이 있다. 어떤 불행한 사건이나 역경에 대해 어떤 의미를 부여하느냐에 따라 불행해지기도 하고 행복해지기도 한다.

세상일을 긍정적 방식으로 받아들이는 습관을 들이면 회복탄력성은 놀랍게 향상된다. 회복탄력성이란 인생의 바닥에서 바닥을 치고 올라올 수 있는 힘, 밑바닥까지 떨어져도 꿋꿋하게 다시 튀어 오르는 비인지 능력 혹은 마음의 근력을 의미한다.

중세의 향기, 탈린(Tallinn)

동쪽으로는 러시아, 서쪽으로는 발트해^{Baltic Sea}를 사이에 두고 핀란드, 스웨덴과
마주보고 있는 나라가 에스토니아^{Estonia}이다. 나는 에스토니아의 수도 탈린 ^{Tallinn}
에 도착했다. 잘 알지 못하는 나라, 이름만 알고 있는 나라 그래서 첫 만남은 모
두 떨림이었다.

유서 깊은 탈린의 구시가지로 들어가기 위해서는 비루문^{Viru Gate}을 지나가야 한
다. 구시가로 들어가는 6개의 대문 중 하나인 비루문은 지금부터 시작될 고풍스
런 시간여행을 예고라도 하는 듯하다. 하지만 발밑으로 전해오는 돌길의 투박한
느낌과 낯선 듯 아기자기한 건물들의 모습은 어느새 나를 편안하게 이끌어준다.

시가지에 들어서니 누군가 나를 반갑게 불러대는 듯하다. "안녕하세요! 이곳으로 와서 달콤한 아몬드 맛 좀 보세요?"라는 소리에 고개를 왼쪽으로 돌리니 얼굴이 하얀 아가씨가 나를 향해 아몬드를 사라고 손짓한다. 중세에 튀어나온 듯한 복장의 그녀에게 다가갔다.

중세에도 이렇게 장사를 했을까? 이 아가씨의 애교석인 이끌림에 못 이긴 척 넘어가준다. 몇 개를 집어 먹어보니 생각보다 맛있다. 어떻게 만드는 것일까? 물어보니 비밀이라고 안 가르쳐준단다. 직접 맞춰보라고 한다. 비밀이 아닌 것은 아몬드를 넣는 거라며 웃는 그녀는 아몬드를 넣고 계피와 설탕을 넣으며 만드는 과정을 다보여주면서 맞춰보라고 계속 웃는다. 아몬드가 굳을 수 있어 낮은 불에 계속 볶는다. 굳지 않도록 주걱으로 계속 15~20분을 저어주면 알맞게 굳어지면서 중세부터 이어졌다는 달콤한 아몬드가 된다. 탈린에서 재미있는 여행을 하라고 손을 흔드는 그녀와의 첫 만남이 탈린의 여행을 기대하게 해준다.

흥겨웠던 그녀와의 첫 만남을 뒤로 한 채 몇 걸음을 건네자 이내 구시청사의 광장이 모습을 드러낸다. 광장 한가운데에 선 나는 동화나라로의 초대장을 받은 듯하다. 어두운 하늘아래 붉은 지붕을 머리에 진 건물들은 그림이 되어 서 있고 그 아래에 펼쳐진 사람들의 모습은 어두워도 평화로운 인간의 모습을 다 담은 듯하다. 가운데에 커다란 크리스마스트리가 있는데 1월 10일이 지나 아름답다는 탈린의 크리스마스마켓은 볼 수 없어 아쉬웠다. 그 옆으로는 고딕양식의 구시청사가 우뚝 서 있다.

1416년에 완공된 탈린의 구시청사는 현존하는 북유럽 최고의 고딕양식의 건물로 중세시대부터 1970년대까지 탈린시의 청사로 사용되었다. 지금의 박물관으로 사용되는 내부는 중세시대 상업의 거점도시로 번영했던 탈린의 모습을 보여주는 듯 화려하다.

중세시대 세금을 거두던 함에는 동전들이 수북하게 쌓여있고 창고로 썼던 시청의 가장 위로 올라가면 광장이 보이는 한쪽 문에 도르래가 달려 있다. 항구로 들어온 물건들을 맨 위층의 창고로 쉽게 올리기 위한 도르래였다. 14세기부터 상업적 번영을 위한 중세 동맹인 한자동맹으로 번성했던 이곳 탈린에는 큰 건물마다 물건을 올리기 위한 도르래가 달려있다

고 한다. 옮기기 쉬운 밑층인 1층으로 물건을 넣어두면 좋지 않을까 생각했는데 비싼 물품들이 도둑맞기가 쉬워 힘들더라도 위층으로 옮겨야했다는 사실도 나중에 알게 되었다.

탈린을 걷다보면 어디에서든 볼 수 있는 높은 첨탑이 있다. 16세기에 완공된 올레비스테 교회의 첨탑 높이는 무려 159m이다. 중세시대 탈린으로 들어오는 모든 배들에게 이정표가 되었다고 한다. 이 교회의 첨탑에 올라가면 시가지를 한눈에 볼 수 있다는 사실에 나는 빨리 발걸음을 옮겼다. 끝도 없이 이어진 나선형의 돌계단, 수백 년의 세월을 먹으며 반들반들한 돌계단을 오르는 일은 생각만큼 쉬운 것은 아니었다. 지칠 대로 지친 나를 손짓으로 이끌어주는 미리 올라선 이들의 응원을 받아 나는 마침내 첨탑 위에 섰다. 그리고 그 아래로 펼쳐진 풍경 속으로 빨려 들어갔다.

1991년 러시아로부터 독립한 에스토니아는 대한민국 절반 크기의 국토를 가진 작은 나라이다. 수도 탈린은 '덴마크인의 도시'라는 뜻으로 청록 빛 숲과 붉은 지붕, 회색 성벽이 조화롭게 이루어진 탈린의 탑은 동화 속에서나 꿈꿔온 그 모습 그대로였다. 하지만 에스토니아가 걸어온 역사는 늘 숨 가쁘고도 가팔렀다. 13세기부터 덴마크, 스웨덴, 독일, 러시아 등 주변 4대 강대국의 이권 다툼에 방어를 위한 성벽들이 도시 전체를 둘러싸고 있다. 세월의 두께만큼이나 회색빛으로 변해간 성벽에는 고단했던 세월의 흔적이 덧칠해진 듯하다.

탈린에 남아있는 19개의 성탑 중 하나인 '부엌을 들여다 보아라 성탑'은 남의 집 부엌을 훤히 들여다 보일 정도로 높다하여 붙여진 성탑으로 에스토니아를 둘러싼 강대국들의 다툼이 얼마나 치열했는지 보여주는 상징물이다. 16세기 경 에스

토니아를 차지하기 위해 이반대제가 탈린으로 진격해왔다. 당시 탈린을 점령하고 있던 독일 기사단은 끝내 러시아를 격퇴시켰다. 이 전쟁과 이어진 기근에 살아남은 에스토니아인은 불과 10여만 명, 이 도시는 처절했던 역사의 아픔을 견뎌내고서도 아무렇지 않은 듯 아름답기만 하다.

탈린의 고지대로 향하는 길에는 중세시대부터 귀족과 성직자가 살았고 주요성당과 공공기관이 몰려있다. 13세기 덴마크 점령기부터 관저와 대주교 관저로 사용된 톰성당이 우뚝 서 있고 고지대

가장 위에는 제정 러시아 황제 '짜르'의 위세를 풍기는 알렉산드르 넵스키 성당이 우아한 자태를 내세우고 있다. 화려하게 장식된 내부는 러시아 미사가 금새라고 거행될 듯 화려한 그림의 등장인물들이 나올 듯하다. 러시아 정교의 전통인 수건을 머리에 두르고 미사를 드리는 모습을 담아낸 그림들은 엄숙하다.

성당 건너편에 있는 톰페아 성은 덴마크, 스웨덴, 독일의 점령자들이 사용했다. 꾸준히 증축하여 사용한 톰페아 성은 이제 어엿한 에스토니아의 국회의사당이 되어 21세기 민주주의를 이끄는 에스토니아를 대변해주는 건축물이 되고 있다. 1차 세계대전 후 잠시 독립을 얻기까지 한 번도 자신들의 나라를 가져본 적이 없는 에스토니아, 그리고 다시 수십 년을 소련의 점령으로 숨죽여 살아온 에스토니아는 마침내 독립해 활발한 활동을 보여주고 있는데 앞으로도 지켜갈 수 있을까?

다시 나선 거리는 이제 어둠으로 조용하다. 간간히 상점에서 들려오는 음악과 불빛에 중세 곳곳의 향기는 여행자의 발길을 절로 붙들고 있다. 어느새 관광객들은 너나할 것 없이 중세로의 여행에 기꺼이 동참할 수밖에 없다. 여행자는 어두워도 향기가 배어나오는 도시의 냄새에 취해 천천히 걸어간다. 그리고 그들의 웃음은 또 다른 향기에 되어 도시를 가득 채운다.

한참 밝을 시간인데 벌써 어두워진 탈린의 어둠은 이곳이 위도가 높아 겨울이면 해가 일찍 져버리는 북유럽이라는 사실을 알려준다. 내 배꼽시계는 벌써 밥 먹을 시간을 요란스레 나의 배에게 통보해주었다. 걷기에 지친 나는 분위기 좋은 레스토랑으로 들어섰다. 그런데 한명의 손님도 보이지 않고 직원들은 나를 쳐다보는 어두운 불빛의 레스토랑 내부는 순간 내 걸음을 멈춰 세웠다.
이 순간 직원들이 모두 서툴게 웃으며 나를 안내했다. 앞의 테이블도 있는데 굳이 뒤로 안내하는 직원이 나를 어둠으로 이끄는 저승사자처럼 순간 무서웠다. 주문을 하고 기다리는 순간에도 아무도 없는 커다란 레스토랑에서 준 메뉴판은 가격이 저렴해 더욱 의심이 되었다. 드디어 내가 주문한 스테이크가 나왔다. 나

이프로 잘라서 입에 넣은 스테이크를 맛보고서야 안심이 되었다. 그리고 계속 잘라서 먹으면서 감탄했다. 무표정에서 환희의 얼굴로 바뀌던 순간 다른 손님이 들어왔다. 이제 다른 이까지 있으니 마음이 안심까지 하면서 스테이크가 입안에서 녹는 황홀한 스테이크의 향연에 빠져들었다.

탈린의 향기에 빠져 중세로의 시간여행을 마지막으로 온 몸에 느끼고 나는 잠자리에 들기 위해 돌아왔다.

알함브라 궁전의 추억

알카사바 성에서 가장 높은 곳에 도착하면 그라나다 전체가 한눈에 들어온다. 높이와 시야를 확보하고 있어서 그라나다 왕국이 스페인에서 마지막까지 깃발을 지키고 있지 않았을까 하는 생각이 든다. 여행지에서 여행지의 역사를 상상할 수 있는 것은 여행자의 특권이다.

오후 2시 30분정도인 시각에 알카사바 성 꼭대기에서 한 청년을 만났는데 무엇인가를 그리며 앉아있었다. 그는 5시정도까지 있다가 갈 거라고 했다. 한나절 한 곳에 오래 머문 여행지는 오랜 시간이 지나도 또렷하게 추억으로 남아있을 것이다.

3개월 이곳에 머물던 워싱 턴 어빙은 "알함브라 이야 기"를 썼고 덕분에 폐허로 버려졌던 알함브라 궁전 은 명소가 되었다. 이곳에 서 시원하게 보이는 도시 의 모습을 보니 워싱턴 어 빙의 마음이 보일 것도 같 다. 도시 어딘가에 아랍인 숨겨놓았을 보물들이 있을 것만 같다.

나스리 궁에서 나오는 순간 긴 시간을 거슬러 시간여행을 다녀온 기분이었다. 궁 건물은 모두 인간을 중심으로 지어졌고 수많은 경구들은 그것을 보면서 스스 로를 가다듬었을 왕들의 인간적인 자취를 느끼게 했다. 나스리 궁에서 나오니 물이 새롭게 보인다. 물소리가 들리기 시작하고 물에 비친 사람들의 모습도 함 께 보인다. 이곳에 들어오는 물의 근원은 어디일까 궁금해지면서 알함브라 궁전 의 추억으로 빠져들었다.

한때는 적을 막아내는 요새였지만 지금은 방어의 기능은 버린 지 오래전이다. 이곳은 나무와 분수가 어우러진 아름다운 정원이 되었다. 마치 새를 닮은 소리 를 내는 분수가 발길을 멈추게 한다. 조그만 물 나오는 분수 시작점을 바라보게 하면서 발길을 떠나지 못하게 한다.
해자에서 가운데를 바라보면 보이는 조그만 건물이 바로 '나스리 궁'이다. 궁이 라지만 왕의 권위를 나타내는 웅장한 문이 없어서인지 들어가는 마음이 편안 하다.

이것은 가장 엄격했을 재판의 방이다. 입구에는 "유일한 정복자는 신이다"라는 문구가 씌여있다. 책에서 본 경유를 찾으려 자세히 들여다보니 많은 것들이 보인다. 눈에 가장 많이 보이는 것은 계속 반복되는 기하학적인 무늬이다. 퍼즐을 맞춰보는 기분으로 오랫동안 들여다보게 한다. 재판은 4개의 기둥 안에서 이루어졌다고 한다. 이슬람 교리는 사람이나 동물의 형상을 나타내면 안 된다. 그래서 기하학적인 문양이 발전할 수밖에 없었을 것이다. 가운데의 반복된 경구들이 종교적인 신념을 고취했을 것 같다. 재판이 이루어졌던 방의 위에는 "들어와 요청해라. 정의를 찾는 데에 두려워하지 말라. 네가 여기서 정의를 발견할 것이다"라는 문구가 적혀 있다.

재판의 방 옆에는 맥쉬아르 기도실이 있다. 다른 방에 비해서 장식도 구조도 간결하다. 방에 들어섰을 때 그들이 맞이했을 경건함을 느낄 수 있다. 다른 방은 모두 남향인데 기도실의 창문은 이슬람의 성지인 메카를 향해 있다.
재판의 방을 지나 황금의 방으로 향한다. 정원에는 소리 없는 분수가 흐르고 있

는데 마음을 차분하게 만들어 준다. 왕의 접견을 위해 대기하던 대기실인데 천
장에 보이는 황금장식 때문에 황금의 방이라고 불렀다.

왕을 만나기 위해서 적지 않은 시간을 대기해야했다면 무슨 생각을 했을까? 그
때마다 어디에도 다 보이는 것은 "유일한 정복자는 신이다"라는 경구였을 것이
고 벽을 가득채운 문양이었을 것이다. 자세히 들여다보면 이 모든 공간에는 쉽
게 지나칠 수 없는 정성이 담겨 있다. 황금의 방 처마에는 모두 나무로 만든 장
식들로 붙여져 꾸며 있다. 목공들은 더 세심하게 만들기 위해 깎으면서 다듬었
고 그것이 곧 깊은 신앙심을 드러내는 것이었다고 생각했다고 한다.

왼쪽 문을 지나면 새로운 세계가 펼쳐진다. 도금양의 정원이라고 하는 곳으로
정원 가득 신어진 도금양 나무는 손으로 비비면 독특한 향을 낸다. 시원하게 뻗
는 물소리와 아름다운 정원이 기분을 상쾌하게 만들어준다.

정원의 기운데 물에 비친 육중한 꼬마레스 탑이 물 위에 떠 있는 것처럼 보인다.
물과 건축물이 빚어낸 아름다운 조화는 3세기 뒤 인도의 타지마할로 다시 탄생
했다.

2층으로 올라가면 10개의 방이 있다. 2층의 벽 창문은 창살로 닫혀 있다. 방안의

모습이 벽으로 가려진 것을 보면 여인들이 거주한 공간으로 짐작하게 된다. 벽 한 면 한 면을 따로 떼어보면 그림 같아 눈을 뗄 수 없다.

왕의 정치 외교가 이루어졌던 대사의 방은 유난히 큰 규모와 화려한 장식에 눈 길이 머문다. 또 한 번 시선이 멈추는 곳은 방이 비친 빛이다. 이 빛은 물에 반사 되어 들어오는 데 방을 은은하고 아늑하게 한다. 사방에는 빛이 잘 들어오는 문 이 있는데 시시각각으로 변하는 빛은 아마도 왕의 모습을 신비하게 만들지 않았 을까 한다.

우주의 모습을 표현한 이 천장은 8천개 나무 조각을 칠하고 짜 맞췄는데 나스리 목공의 절정으로 평가받고 있다. 이곳에서 들을 수 있는 조용한 물소리, 화려한 장식과 은은한 빛은 모두 신과 왕에 대한 헌시이자 찬양이었다.

많은 방 입구에는 벽감들이 있다. 오는 손님에 대한 우호의 표시로 꽃병과 물병,

향수들을 놓아두었고 "적게 말하라, 평화로운 것이다"라는 경구를 새겨 놓았다고 전해진다. 이 문구를 잘 이해한다면 이들을 더 잘 이해할 것 같다. 시시각각 달라지는 빛도 나스리 궁을 신비롭게 한다. 문양과 경구를 주의 깊게 찾다보면 누구나 이곳에 빠지지 않을 수 없다.

도금양 정원을 지나 왕의 개인 공간인 '사자의 정원'으로 간다. 사자의 정원에서 가장 처음에 들어오는 것은 많은 기둥들이다. 좁은 공간에 많은 기둥을 세워서 만든 공간은 124개나 된다. 이렇게 많은 기둥을 세운 것은 이유가 있다. 이곳에

앉아서 물소리 흐르는 숲속에 온 듯한 기분을 갖기 위해서이다. 정원 한 가운데에는 커다란 분수가 있다. 12마리의 사자가 받치고 있다. 사자의 정원에도 다양한 문양과 경구들이 있다. 이런 경구들 속에서 왕은 백성들을 위한 선정을 다 잡았을 수 있다.

다시 한쪽으로 걸어서 아벤세라헤스 방으로 간다. 방의 가운데 분수와 높은 기둥으로 이어진다. 분수는 정원에 있어야 하는데 방에 있다. 지하에 있는 찬 물과 높은 창문에서 들어온 더운 공기가 환기역할을 해서 에어컨 역할을 해서 한여름을 시원하게 만들었다. 이런 이곳에 비정하고 잔인한 이야기도 전해진다. 아벤세라헤스는 나스리 왕궁의 귀족가문 중 하나였다. 당시에 귀족간의 정쟁이 심했는데 아벤세라헤스의 한 귀족과 왕비가 사랑에 빠졌다고 밀고를 받은 왕은 아벤세라헤스의 귀족 32명을 이곳에 불러 모두 살해했고 그 피가 사자의 분수까지 흘렀다고 전해진다.

저 경구를 알고 본다면 감동도 배가 될 것이다. 그래서 알함브라 궁전에서는 경구를 분석하는 작업도 계속 이뤄지고 있다.

마지막으로 찾아간 방은 알함브라 궁에서 가장 화려하다는 '두 자매의 방'이다. 바닥에 깔린 2개의 커다란 대리석 때문에 이 방을 '두 자매의 방'이라고 부른다. 여자들이 사용할 방이라서일까 방 안의 문양도 곱고 우아하다. 레이스처럼 쳐진 장식 창문을 통해 들어온 은은한 빛, 경구들은 이 방의 주인들에게 어떤 의미가 되었을까?

이끼가 가득 낀 둥근 돔 형태의 이곳도 궁금했다. 지하 목욕탕이라고 한다. 천장에는 별모양을 뚫린 채광창이 있었는데 둥글고 두터운 지붕은 들어온 빛을 모두 간접 광으로 만들고 있었다. 습기를 이겨내야 하는 탓일까 내부에는 문양보다는 타일이 눈에 많이 띄었다. 벽 아래에만 타일을 붙이는 '다도타일링'이 여기서 유래되었다. 목욕탕 안에는 여러 공간이 있다. 이곳은 비밀의 공간이라고 할까? 작은 목소리로 벽에 말을 해서 반대편에서 잘 들리는 것을 보고 즐거워하는 연인들이 부럽다.

정원 쪽에 놓인 분수는 저마다 독특한 모양이다. 이 분수는 마치 숲속에 피어오른 큰 꽃을 닮았다.

격자모양의 나무 천장, 단순한 벽, 벽난로가 갑자기 달라진 분위기를 나타낸다.

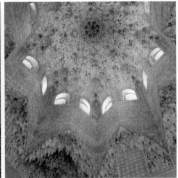

나스리 궁을 접수한 후 스페인 왕들이 거주한 곳이다. 이슬람교리에 어긋나는 사람 형상 장식물도 눈에 띄인다.

알함브라 궁전 제대로 보기

알함브라는 자연이 만든 기념비라고 이야기한다. 알함브라를 이해하면 자연을 이해할 수 있다는 이야기이다..하루의 시간이 바뀌고 순간이 바뀌고 계절이 바뀌듯 알함브라도 바뀐다. 빛을 따라 자연이 만드는 건축물과 정원이 보인다는 것이다. 이 알함브라 궁전을 이해하려면 구분이 되는 4개를 이해해야 한다.

1. 알카사바 성

방어목적으로 만들어졌다. 포도주의 문을 지나면 알카사바 성으로 간다. 이 문을 지나는 군사와 민간인이 포도주를 사고팔았기 때문에 포도주의 문이라고 불렀다고 한다. 알카사바 성은 군인들의 공간이다. 성을 보면 옛날 성을 공격하려는 사람들에게는 힘들고 방어를 하려는 사람에게는 쉬운 방법을 찾아 만든 사람들의 지혜가 엿보인다. 방어에 효과적인 것은 높이다. 성은 계속 오르막이다. 성에 오르면 보이는 전망은 관광객에게는 탁 트인 시원함을 주지만 그 옛날 병사들은 긴장 속에 성 밑을 바라보았을 것이다. 곳곳에는 병사들의 주거지 흔적도 고스란히 남아있다. 가운데를 중심으로 장교와 사병의 숙소가 나누어져 있다. 가운데 정원의 흔적이 돋보인다. 아직까지 튼튼한 성벽은 이곳의 적은 강수량이 준 선물이다.

알카사바 성에서 가장 높은 곳에 도착하면 그라나다 전체가 한눈에 들어온다. 높이와 시야를 확보하고 있어서 그라나다 왕국이 스페인에서 마지막까지 깃발을 지키고 있지 않았을까 하는 생각이 든다. 여행지에서 여행지의 역사를 상상할 수 있는 것은 여행자의 특권이다.

2. 나스리 궁

왕의 업무와 거처 공전이었던 나스리 궁이다.

3. 카를로스 5세 궁

그라나다를 점령한 이후에 카를로스 5세가 지은 궁이다. 로마제국 황제가 된 카를로스 5세가 기념으로 이곳을 빙문하면서 지은 궁이다. 카를로스는 그라나다를 함락한 상징적인 의미로 궁을 지었다. 이 궁이 없었다면 알함브라 궁은 지금은 없었을지 모른다. 이 궁 덕분에 알함브라 궁전 전체가 왕실 유적으로 지정될 수 있었다. 승리의 역사가 패배의 역사를 빛내준 것 같다.

원형과 사각으로 만들어진 겉모습이 먼저 눈에 들어온다. 그 답은 궁으로 들어와 찾을 수 있다. 밖은 사각형인데 안은 원형이었던 것이다. 더 놀라운 것은 원형의 가운데에서 말하면 음향효과가 좋아서 마이크없이도 공연을 할 수 있다고 한다. 건축학적으로 원형을 둘러싼 기둥 위 돌은 쐐기돌을 끼워 만든 평보형의 건축물이다.

4. 헤네랄리페

왕의 여름 별궁이었던 곳이다.

인생은
미지의 세계로의 도전

자존감 여행 테라피

근대는 미지의 세계에 대한 도전 정신으로 다양한 탐험이 이루어진 시기이다. 아무도 가보지 못한 곳을 가장 먼저 두 눈으로 직접 확인하기 위해 힘들고 어려운 시기를 겪었던 탐험가들의 이야기가 전해진다. 먼저 세계 지도의 1/3을 차지하고 있는 태평양의 지도를 완성한 제임스 쿡의 세 차례를 걸친 항해가 있었다. 또 아프리카를 탐험하며 크리스트교를 전파하던 리빙스턴은 힘들고 어려운 여건 속에서도 탐험에 온 생애를 바치기도 했다. 남극점을 먼저 정복한 아문센과 달리 한발 늦은 스콧 일행은 폭풍우에 갇혀 목숨을 잃기도 했다. 많은 탐험가들은 새로운 지역에 대한 탐험과 함께 그 지역에 살고 있는 원주민들의 문화를 이해하고자 많은 노력을 했다.

제임스 쿡

1768년 영국 왕실은 남태평양 타히티 섬으로 보낼 과학 탐사대의 선장으로 제임스 쿡을 임명했다. 영국에서 타히티 섬으로 과학 탐사대를 보내려 한 것은 천문학자들이 1769년 6월에 금성이 태양면을 지나갈 것이라고 예언했기 때문이다. 즉 지구의 여러 곳에서 이것을 관찰함으로써 지구에서 태양까지의 거리를 정확하게 계산할 수 있다고 생각했던 것이다. 그리고 제임스 쿡에게는 또 하나의 임무가 주어졌는데, 그 임무는 바로 미지의 남방 대륙을 찾아 영국의 땅으로 만드는 일어났다. 고대부터 지리학자들은 남반구에 큰 대륙이 있을 것이라고 믿었기 때문에 확인하고 싶었던 것이다.

제임스 쿡은 예전에 석탄을 운반하는 배에서 일하면서 항해사 일을 배웠다. 또 27세 때는 해군에 입대해 지도 설계와 천체 관측에서 뛰어난 능력을 보였다. 제임스 쿡은 탐험에 쓸 배로 넓고 튼튼한 석탄 운반선을 골랐다. 이 배에는 94명의 선원과 천체학자 1명, 화가 2명, 동식물 전문가 2명이 함께 올랐다. 제임스 쿡 일행이 탐험하는 동안 과학자들은 새로운 동식물뿐만 아니라 알려지지 않은 민족에 대해 조사하고 기록했으며, 수천 개의 식물 표본을 채취했다. 제임스 쿡은 항해 일지에 태평양에 사는 민족들에 대한 정보를 기록했다.

제임스 쿡을 훌륭한 선장으로 부르게 된 것은 그가 선원들의 삶을 크게 향상시켰기 때문이다. 이전에 선원들은 비타민이 부족해 발생하는 괴혈병 때문에 목숨을 잃는 경우가 많았다. 그런데 제임스 쿡은 자신의 경험을 토대로 신선한 채소를 먹을 수 있도록 했다. 또 위생 문제에도 엄격해서 날마다 선원들이 잘 씻었는지 검사했다고 한다. 이렇게 철저히 선원들의 건강을 챙겼기 때문에 세 차례의 탐험에도 괴혈병으로 목숨을 잃은 선원은 단 한 명도 없었다.
남쪽의 거대한 대륙을 찾는데 실패한 제임스 쿡은 항해 도중에 뉴질랜드 해안에 도착했다. 제임스 쿡은 6개월 동안 3,800km에 이르는 뉴질랜드 해안을 탐험하면서 뉴질랜드가 두 개의 섬으로 이루어져 있다는 것을 밝히고 해안의 모습을 지도로 만들었다.

제임스 쿡은 1769년 타히티 섬에 간 것을 비롯해 1777년 여름, 세 번째 탐험까지 태평양의 여러 섬에 가 보았다. 그는 타히티 섬 부근에서 매우 친절한 원주민들이 사는 소시에테 제도와 통가 제도를 발견했고, 하와이 제도에도 가 보았다. 그러나 제임스 쿡은 하와이에서 큰 보트를 원주민들에 도난당하자 화가 나서 부하들과 함께 원주민 전사들과 전투를 벌였다. 이 전투에서 그는 칼을 맞고 쓰러져 세상을 떠나고 말았다. 제임스 쿡은 비록 남쪽에 있는 대륙을 찾는 데는 실패했지만 태평양의 여러 섬들에 관한 지식을 크게 발전시키면서 태평양 지도를 완성하게 한 뛰어난 탐험가였다.

리빙스턴과 스탠리

스코틀랜드 노동자의 아들로 태어나 혼자 힘으로 선교사가 된 리빙스턴은 1840년에 남아프리카로 떠났다. 탐험의 목적은 아프리카에 기독교를 전파하기 위해서였다. 첫 탐험은 1841년 우마차를 타고 칼라하리 사막을 횡단하는 험한 길이었다. 탐험 도중에 만난 부시먼족은 그에게 칼라하리 사막 너머에 큰 강이 흐른다고 말해 주었다.

그 강은 비옥한 땅에 물을 대 주는 잠베지 강이었다. 이 이야기를 들은 리빙스턴은 잠베지 강을 다음 탐험 지역으로 계획하게 되었다. 이후 리빙스턴은 1853년부터 20년간 희망봉에서 시작하여 적도로 거슬러 올라가는 탐험을 했는데, 그동안 유럽인들이 한 번도 가보지 못한 아프리카의 여러 곳을 탐험하였다. 그는 잠베지 강을 일주하다가 원주민들에게는 '천둥소리를 내는 연기'로 알려진 거대한 폭포를 발견하고 그 폭포에 영국 여왕의 이름을 붙였다. 그 폭포가 바로 세계 3대 폭포 중의 하나인 빅토리아 폭포이다.

그런데 1866년에는 동아프리카 탐험을 하던 리빙스턴이 실종되어 소식이 끊기게 되었다. 수년 동안 종적을 감춘 그를 찾아 미국의 신문기자 스탠리가 아프리카에 갔다. 그로부터 10개월이 지나서야 탕가니카 호 근처에서 드디어 리빙스턴을 찾는 데 성공하였다. 이렇게 만난 두 사람은 함께 나일 강이 시작되는 곳을 찾아 호수를 탐험하기도 했다.

아프리카를 탐험하던 리빙스턴은 결국 1873년 나일강의 발원지를 찾아 나선 마지막 탐험에서 건강이 나빠져 세상을 떠난다. 그의 죽음은 많은 아프리카 인들에게 슬픔을 안겨 주었다. 그는 진정으로 아프리카를 사랑하여 노예제도에 반대했고 아프리카 주민들의 생활 향상을 위해 노력했기 때문이다.

이후 리빙스턴의 아프리카 탐험은 스탠리에 의해 완성되었다. 스탠리는 1874년 대규모의 탐험대를 이끌고 아프리카로 떠나 콩고 강을 탐험하기 시작했다. 탐험을 위해 그는 길이13m의 배인 레이디 앨리스를 분해해서 운반했고, 유럽 선원들을 고용했다. 1874년 아프리카 동부 해안을 걸어서 출발한 탐험대는 빅토리아 호수에 도착했다. 탐험대는 호수 근처에서 원주민 2,000여명의 공격을 받아 26명이 목숨을 잃기도 하는 등 어려움을 겪었다. 그러나 탐험 끝에 스탠리는 카게라 강에서 물이 공급되는 빅토리아 호수가 나일 강의 발원지, 즉 강이 시작되는 곳이라고 증명하게 되었다.

리빙스턴과 스탠리에 의해 아프리카 내륙의 사정이 유럽에 알려지자 유럽의 열강들은 앞 다투어 아프리카로 몰려들기 시작했고, 1914년까지 대부분의 아프리카를 유럽의 식민지로 만들어 버렸다.

아문센

지구의 남쪽과 북쪽 끝은 얼음으로 뒤덮인 지역이다. 북극은 북극해양에 위치해 있고, 남극은 하나의 빙하로 이루어진 대륙이다. 일 년 내내 차가운 기온과 빙하의 바다로 둘러싸인 두 극지방은 지구 어느 곳보다도 탐험에 많은 어려움이 있었던 지역이다.

북극해 탐험의 첫 주인공은 동양으로 향하는 최단 거리를 찾기 위해 항해에 나섰던 유럽인들이었다. 하지만 북아메리카의 가장 북쪽에 위치한 북서 항로를 찾기 위한 여러 차례의 노력은 번번이 실패로 끝났다. 그린란드와 태평양으로 이어지는 베링 해협에는 빙하에서 떨어져 나온 빙산이 떠다녔다. 물 위를 떠다니는 빙산들이 어느 쪽으로 갈지 예상하기 힘들었고, 일단 빙산들 사이에 갇히면 밤마다 영하 50도까지 내려가는 추위 속에서 겨울을 나야 했다. 특히 이 지역은 섬과 만이 마치 미로처럼 얽혀 있어서 배가 얼음 함정에 갇히기 더욱 쉬웠다. 이런 와중에 1903년 노르웨이 탐험가 아문센은 대원들과 함께 이외아 호를 타고 도전에 나섰다. 그는 먼저 2년 동안 킹 윌리엄 섬에서 이누이트족의 생활 방식을 연구하며 추위 속에서 살아가는 법을 배우고 익혔다. 그 후에 1906년 8월 13일 서쪽을 향해 닻을 올린 탐험대는 8월 말 미국의 태형양 연안에서 출발한 돛단배를 만나게 된다. 북극 항로를 찾아 것이었다.

북극에서 북서 항로를 찾은 아문센은 북극점을 정복하려 했지만 이미 1909년 피어리가 북극점을 정복했다는 소식을 듣고 남극점을 향해 출발한다. 한편 로버트 팔콘 스콧이 이끄는 영국 탐험대는 이미 남극을 향해 출발한 상태였다. 아문센이 스콧에 비해 나은 점은 든든한 동료들이 있다는 것뿐이었다. 아문센의 동료들은 아문센처럼 추위에서 살아남는 법을 익힌 사람들로, 썰매 개를 잘 다루는 사람도 있었고, 스키 대회 우승자도 있었다. 스키 장비를 갖춘 대원들은 스콧의 대원들이 입은 옷보다 훨씬 가벼운 이누이트족 옷을 입었으며, 제대로 훈련받은 썰매 개 12마리가 썰매를 한 대씩 끌게 하고, 넉 달분의 양식도 준비했다. 게다가 아문센의 캠프가 스콧의 캠프보다 남극점으로부터 118km나 더 가까웠다.

1911년 10월, 대원 4명과 함께 캠프를 떠난 아문센은 시간당 7km 이상씩 매우 빠른 속도로 나아갔다. 그런데 11월, 거대한 빙하가 탐험대 앞을 가로막았다. 그러자 아문센은 대원 2명과 가볍게 꾸린 썰매 3대, 그리고 썰매 개 18마리만 이끌고 탐험에 나서게 된다. 그해 12월 14일 아문센 탐험대는 남극점의 위치를 확인하고, 그 위에 노르웨이 국기를 꽂은 작은 텐트를 세웠다. 드디어 아문센이 남극점을 정복한 것이었다. 그러나 그와 같은 시기에 탐험을 나섰던 스콧과 탐험대는 폭풍우에 모두 목숨을 잃고 말았다.

세계최초의 여행가 이븐 바투타는?

세계 최초의 여행가인 이븐 바투타는 14세기에 세계를 여행한 인물이다. 역사적으로 위대한 여행가를 꼽을 때 흔히 마르코 폴로를 떠올리지만, 이븐 바투타는 마르코 폴로에 못지않은 여행가였다. 다만 이슬람교를 믿었던 아랍 사람이라 서양에서 주목을 받지 못했다.

이븐 바투타는 1304년에 모로코에서 태어났다. 경건한 이슬람교도였던 바투타는 어릴 때부터 성지인 메카로 순례를 가고 싶어했다. 1325년, 마침내 그는 메카 순례의 꿈을 이루었지만. 더 먼 곳으로 여행하고 싶은 생각이 간절했다. 그때부터 무려 24년 동안 인도를 지나 중국에까지 갔다가 모로코로 돌아오는 기나긴 여행을 하게 되었다. 그리고 49세가 되던 해에 다시 사하라 사막 남쪽으로 여행을 떠났다. 이때 기록한 그의 자료는 아프리카의 생활과 문화를 알려주는 아주 귀중한 자료로 평가되고 있다.

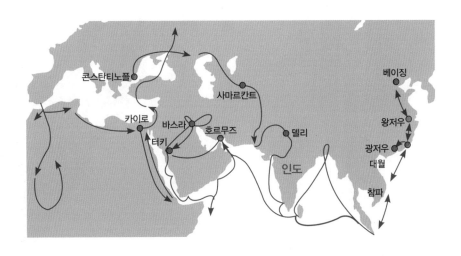

이븐 바투타는 중세의 가장 위대한 이슬람 여행가였다. 그는 '억제할 수 없는 충동과 유명한 신전들을 보고자 하는 오랜 열망'으로 21세 때 순례자가 되어 아프리카 북서쪽의 탕헤르에서 길을 떠났다. 그의 평생에 걸친 여행을 기록한 여행기로 인해 그는 '이슬람의 마르코 폴로'로 비유되기도 한다. 그는 무려 4번이나 메카를 성지 순례했다고 한다.

그는 26년간 45개 나라를 여행했는데, 이것은 그 시대에는 아무도 따를 수 없는 여행 기록이었다. 그는 멀리 델리, 몰디브 제도, 실론 섬에 이르기까지 많은 이슬람 지역에 가서 그곳의 재판관이 되었고, 이슬람 군주의 사절이 되어 중국까지 다녀왔다.

이븐 바투타는 개인적인 탐험 정신이나 호기심 때문에 여행했지만, 그가 남긴 여행기는 이슬람 세계의 생활상을 보여 주는 백과사전이 되었다. 그는 되도록 여러 곳을 가겠다고 결심하고, 어떤 길이든 두 번은 가지 않는다는 것을 하나의 규칙으로 삼았다. 그 당시 사람들은 무역과 같은 실질적인 이유로 여행길에 올랐지만 그는 이슬람교를 널리 알리고, 새로운 세계와 새로운 사람들에 대해 알기 위해서 여행하였다.

이븐 바투타는 처음에는 학자로서, 나중에는 여행가로서 높아지는 명성 덕분에 여행비를 제공 받을 수 있었다. 그가 간 여러 나라의 수많은 술탄, 통치자, 총독, 고관들로부터 환대와 후원을 받아 여행을 계속할 수 있는 수입이 보장되었던 것이다. 이븐 바투타는 카이로에서 홍해까지 갔다가 다시 카이로로 돌아온 뒤, 시리아로 가서 메카로 가는 대상에 합류하기도 하고, 이후에도 셀주크 투르크, 오스만 제국, 불가리아, 러시아, 중앙아시아를 거쳐 인도까지 여행을 계속하였다.

이븐 바투타는 대표적인 이슬람 세계의 여행자로 그의 총 여행 거리는 대략 12만km에 달하며 이는 증기 기관 시대 이전에 그 누구도 능가할 수 없는 기록이었다. 그는 거의 대부분의 이슬람 국가와 가까운 지역의 비이슬람 국가들까지 가 보았다. 새롭거나 알려지지 않았던 지역을 발견한 것은 아니었지만, 방문한 지역에 관한 깊이 있는 내용 때문에 그의 책은 역사 자료로서 큰 가치를 평가받아 오랫동안 읽혀졌다.

그의 여행기는 이슬람 세계의 많은 지역 사회, 문화, 정치 등의 다양한 면을 볼 수 있는 중요한 기록이다. 소아시아, 동아프리카, 서아프리카, 몰디브, 인도 등에 관한 여행기는 이들 지역의 역사 연구에 매우 중요한 자료가 되었다. 또한 아라비아와 페르시아 지역을 다룬 부분은 사회 및 문화 생활의 여러 측면에 관한 상세하면서도 풍부한 내용을 담고 있어 가치가 높다.

한 개의 촛불로 많은 촛불에 불을 붙여도
처음의 촛불의 빛은 약해지지 않는다.

- 탈무드 -

자존감 여행 테라피

자존감 여행 테라피

여행이란 외부 세계로 통하는 문을 여는 일이다. 여행을 통해 많은 것을 배우고, 경험하며 자신의 성장된 모습을 나중에 바라보는 즐거움 또한 있다.

| 1단계 |

나의 여행

나의 행복은 어디서 올까? 사람마다 사연은 다르다. 뜻하지 않게 여행을 하는 경우, 자연스럽게 여행이 다가온 경우, 오랜 기간 여행을 하지 못하다가 어렵게 여행을 한 경우 등 너무 다양하다. 그러나 여행을 하면서 겪게 되는 기쁨과 슬픔은 대단하다. 자신을 돌아보면서 여행에서 겪은 다양한 감정을 생각하는 시간이

필요하다. 우리가 살면서 자꾸만 밝고 건강한 이미지만 보여주는 것이 행복한 생활을 할 수 있는 것일까? 여행을 하다보면 물질적인 가치가 행복을 가져주지 않는 경우를 발견하게 된다.

오랫동안 일만을 하면서 살아온 우리 부모들은 여행에 부정적인 인식이 많기도 하지만 다른 세상을 살아야 하는 우리에게 어떤 여행이 나에게 필요한지 생각나는 것을 그려보

면 현재의 자신과 미래의 나에 대한 모습을 생각해 볼 수 있다. 여행을 통해 자신이 가지고 있는 다양한 자신의 모습을 자각하는 것으로도 긍정적인 인식을 할 수 있다.

❶ 눈을 감고 자신에 대해 생각나는 것을 떠올려 보자.
❷ 여행에 대한 이미지로 떠오르는 것을 간단하게 그려보자. 행복 이미지를 시작으로 생각해보자.
❸ 어떤 이미지도 떠오르지 않는다면 이미지가 없는 이유가 무엇인지를 생각해 본다.

삶의 불안은 모든 세대를 관통한다.

| 2단계 |

나의 미래

미래를 위해 살다시피 한 우리의 삶은 미래의 야망과 욕구를 갖게 되는 길목에 있기 때문이다. 미래를 준비하는 것은 지뢰밭을 걷는 것과 비슷할 수도 있다. 미래는 우리의 눈에 보이지 않기 때문에 어떤 준비를 해도 지뢰를 밟는 순간 나의 미래는 끝이 나고 만다.

새로운 나를 위해 고통을 감수하면서 노력을 하면 미래가 나아질 것이라는 생각은 현재를 미래에 담보를 맡기고 산다는 것은 무리이다. 현재를 잘 살고 미래를 생각하는 방향으로 나아가야 하는 것이 우리가 원하는 세상이다. 여행을 통해 세상과 소통하면서 나에 대한 감정을 공유하며 느끼는 지점이 필요하다.

---

❶ 나의 미래를 생각해보자.
❷ 그 이유를 생각하며 이야기를 하거나 생각해보자.
❸ 자신에게 필요한 것이 무엇인지 생각하거나 자신을 찾을 수 있는 방법을 찾아보자.

| 3단계 |

객관적인 나

자신을 객관적으로 돌아보는 시간을 가져야 한다. 그동안 감추기만 했던 아픈 상처를 누구나 가지고 있기 때문에 스스로 안아보는 자신이 있어야 한다. 삶을 살면서 생기는 갈등과 시련은 나를 알기 위한 좋은 기회가 될 수 있다. 나아가 나와 나를 이루는 사회라는 관계 속에서 나를 들여다볼 수 있는 기회를 가지게 된다.

태어나 어린 아이의 시절을 거쳐 자신은 성장한다. 빨리 성장하면서 부모님은 점점 늙어간다. 어른이 되고 나면 이제 점점 자신도 부모처럼 늙어가면서 부모의 심정도 점차 알게 된다. 늙으면 몸만 늙는 것이 아니라 회복력도 느려진다. 언제 즐겁고 편안한 시간을 보낼 수 있을지 의문이 들지 모른다. 여행을 하면서 다른 나라의 사람들을 보면서 '즐겁고 편안한 시간을 보내는 것은 반드시 해야 하겠다'라는 생각을 가지게 된다. 자신을 되돌아보면서 생활해야겠다는 생각을 할 것이다.

자신에 대해 말하고 싶은 이야기를 적어보자.

| 3단계 |

꿈꾸는 소망

자신이 꿈꾸는 소망을 생각해보는 시간을 갖자. 이런 시간을 통해 살아가는 데 필요한 것들을 알 수 있다. 내가 꿈꾸는 미래와 소망을 적어보자.

여행에서 느낀 감정은?

독자에게

당신은 여행에서 자신의 비전을 찾고, 자신을 힐링Healing 할 수 있다.

1. 자존감 향상

여행을 끝내고 났을 때 누구나 갖게 되는 효과 한 가지는 바로 '자존감'형성이
다. 처음에는 호기롭게 여행을 시작해도 새로운 나라와 도시를 여행하면 힘들고
포기할 생각을 가지게 되더라도 여행을 끝냈을 때 자존감을 갖게 되면서 힘들
게 걸으며 속으로 가졌던 부정적인 생각이나 포기 하려는 마음들이 여행을 잘
끝냈다는 자신감에 다 묻히게 되는 것이다. 자신감이라는 한 가지만 얻어가도

좋은 것이지만 우리는 여행에서 내면의 '자존감'을 얻을 수 있다. 더 효과적으로 앞으로의 인생에서 가지는 지나친 걱정이나 스트레스를 극복하고 자신의 내면을 알게 될 필요가 있다.

2. 긍정마인드

삶에서 쉽게 여행을 하겠다는 생각을 하지는 않는다. 특히 체력이 약하든지, 운동을 싫어한다면 여행을 싫어할 수가 있다. 하지만 그런 핸디캡이 있는데도 여행을 하겠다는 생각을 한 당신은 이미 긍정마인드를 가지게 된 것이다.

왜냐하면 부정적인 생각을 가지고 있지만 한번 믿어보겠다는 생각으로 여행을 시작했기 때문에 용기를 내서 여행을 시작한 당신은 이미 긍정적인 마인드의 소유자이다.

3. 두려움

여행을 하면 두려움이 사라진다. 우리는 초등학교에 다닐 때부터 성적에 얽매여 살아왔다. 사회생활을 하면 돈을 얼마나 잘 벌게 되는가라는 "돈"이라는 성적에 얽매여 왔다. 그래서 많 은 사람들이 자신감을 상실하게 되었다. 자신이 평생 꿈꾸어온 삶이 무엇인 지도 모르게 되어 성적이 떨어지거나 돈을 적게 벌게 되면 상실감은 의외로 크게 다가왔다. 하지만 인간은 누구나 다 자신이 가지고 있는 것보다 훨씬 더 용기가 있다. 그 용기를 가지고 자신만의 삶을 살아가면 자신이 생각하는 분야에서 1등이 아니더라도 즐거운 삶을 살아갈 수 있다.

여행을 하다가 점차 두려움이 사라지면 다른 일을 해도 다 할 수 있을 것 같은 생각이 들게 된다. 두려움을 극복하기 위해 지금까지 개발된 모든 방법 중에서 가장 빠르고 확실한 방법은 여행을 걸으며 성취감을 느끼는 것이다.

4. 행동으로 시작

이제 자신만의 방법으로 인생의 기회를 잡자! 인생은 셀 수 없이 많은 기회로 가득 차 있다. 아무리 바쁘게 생활해도 잠시 여행을 하는 시간을 낼 수 있고 체력이 아무리 약해도 도시의 평지 길에서 열심히 걷다보면 체력적인 두려움은 잊혀 질 수 있다. 여행을 하면 얻어오는 것이 상당하다. 어떤 여행을 한다고 해도 시작하는 순간부터 기회를 잡게 되는 것이다.

조대현

63개국, 298개 도시 이상을 여행하면서 강의와 여행 컨설팅, 잡지 등의 칼럼을 쓰고 있다. KBC 토크 콘서트 화통, MBC TV 특강 2회 출연(새로운 나를 찾아가는 여행, 자녀와 함께 하는 여행)과 꽃보다 청춘 아이슬란드에 아이슬란드 링로드가 나오면서 인기를 얻었고, 다양한 여행 강의로 인기를 높이고 있으며 '트래블로그' 여행시리즈를 집필하고 있다. 저서로 블라디보스토크, 크로아티아, 모로코, 나트랑, 푸꾸옥, 아이슬란드, 가고시마, 몰타, 오스트리아, 족자카르타 등이 출간되었고 북유럽, 독일, 이탈리아 등이 발간될 예정이다.

폴라 http://naver.me/xPEdID2t

김경진

자칭 베트남전문가로 세계여행 후 베트남에서 정착하면서 그들과 같이 호흡했다. 배낭 하나 달랑 메고 자유롭게 여행하는 꿈을 가슴에 품고 살았다. 반복된 일상에 삶의 돌파구가 간절히 필요할 때, 이때가 아니면 언제 여행을 떠날 수 있을까 하는 마음에 느닷없이 떠났다. 남들처럼 여행하지 않고 다른 듯 같게 여행한다. 남들보다 느릿느릿 여행하면서 남미를 11개월 동안 다니면서 여행의 맛을 알았다. 그 이후 세계여행을 하면서 세월은 흘러 내 책을 갖기까지 오랜 시간이 걸렸지만, 덕분에 나의 책을 갖게 되었다.

정덕진

10년 넘게 게임 업계에서 게임 기획을 하고 있으며 호서전문학교에서 학생들을 가르치고 있다. 치열한 게임 개발 속에서 또 다른 꿈을 찾기 위해 시작한 유럽 여행이 삶에 큰 영향을 미쳤고 계속 꿈을 찾는 여행을 이어 왔다. 삶의 아픔을 겪고 친구와 아이슬란드 여행을 한 계기로 여행 작가의 길을 걷게 되었다. 그리고 여행이 진정한 자유라는 것을 알게 했던 그 시간을 계속 기록해 나가는 작업을 하고 있다.
앞으로 펼쳐질 또 다른 여행을 준비하면서 지서로 이이슬란드, 에든버러, 발트 3국, 퇴사 후 유럽여행, 생생한 휘게의 순간 아이슬란드가 있다.

트래블로그

뉴노멀시대의 은퇴 · 퇴사 후 자존감여행

초판 1쇄 인쇄 ㅣ 2020년 9월 29일
초판 1쇄 발행 ㅣ 2020년 10월 17일

글 ㅣ 조대현, 정덕진, 김경진
사진 ㅣ 조대현
펴낸곳 ㅣ 나우출판사
편집 · 교정 ㅣ 박수미
디자인 ㅣ 서희정

주소 ㅣ 서울시 중랑구 용마산로 669
이메일 ㅣ nowpublisher@gmail.com

979-11-90486-80-4 (13980)

※ 일러두기 : 본 도서의 지명은 현지인의 발음에 의거하여 표기하였습니다.